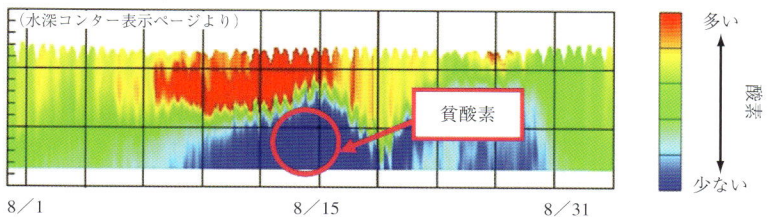

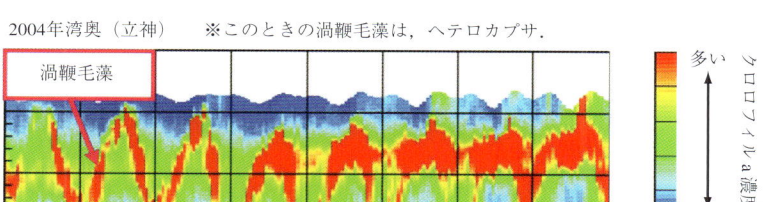

口絵1　自動モニタリングシステムを用いた貧酸素水塊（上）と赤潮（下）の監視（6章：84ページ）

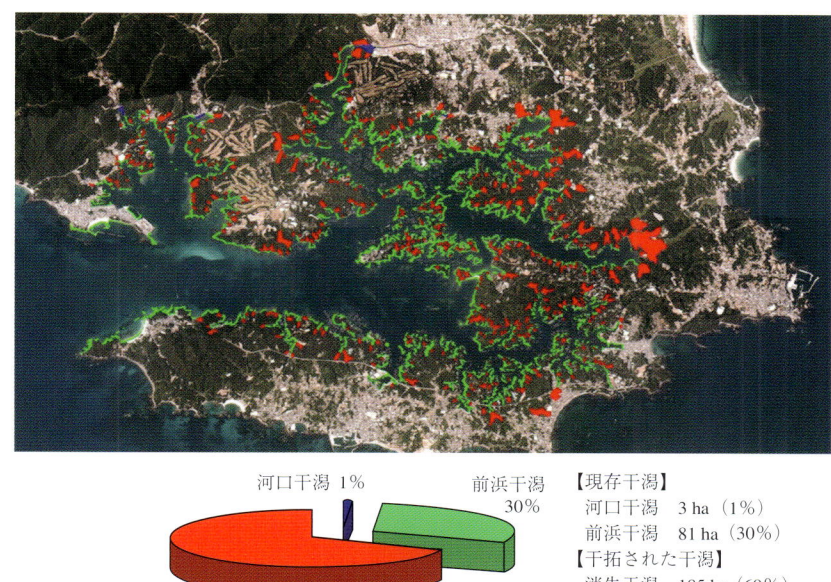

口絵2　英虞湾内の干潟の変化（6章：84ページ）

口絵3　真珠養殖におけるゼロ・エミッションの試み（7章：97ページ）

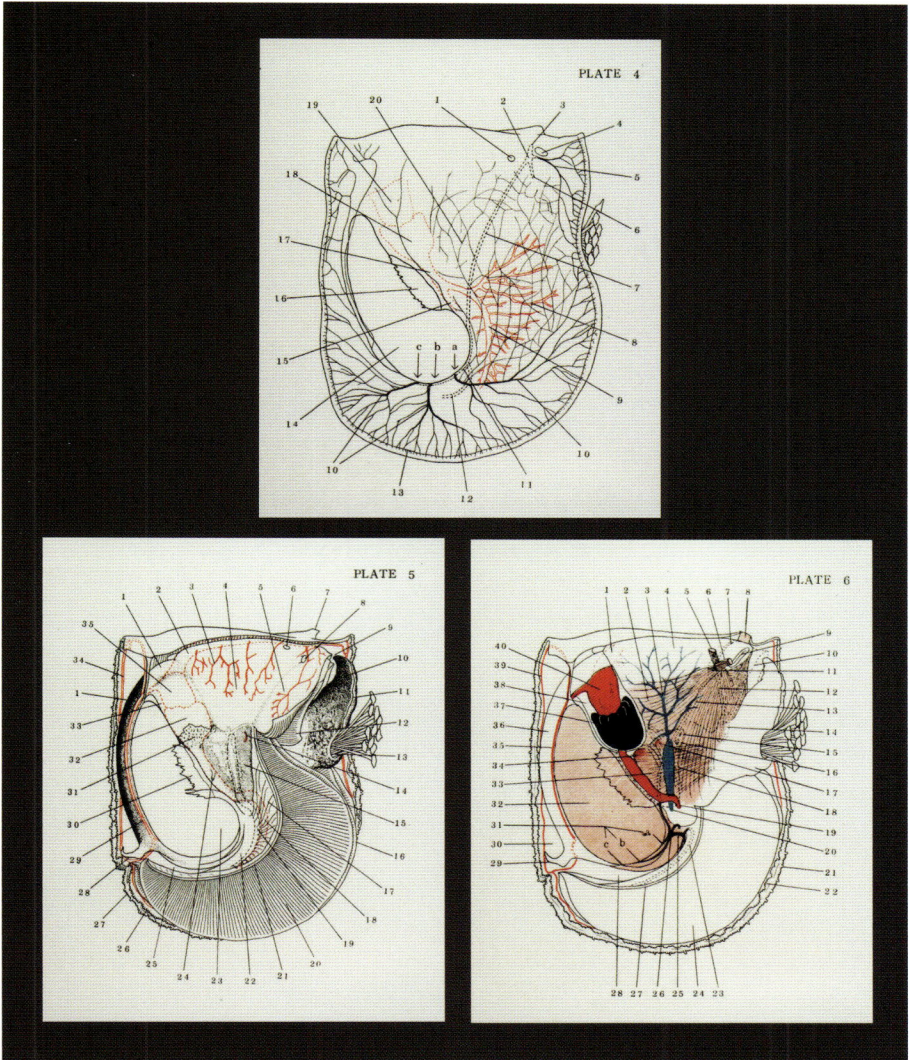

口絵4　椎野季雄作図　アコヤガイ解剖図より（付録：145ページ）
　　Plate 4：アコヤガイ外套膜，神経系および血液腔（赤色）．
　　Plate 5：右側外套を切り取ったアコヤガイ軟体部の概観図．
　　Plate 6：アコヤガイ内臓塊表層の筋肉系（褐色），神経系（黒色）および循環系（赤色および青色）．
　　詳しくは巻末の付録アコヤガイ解剖図（148〜150ページ）を参照のこと．

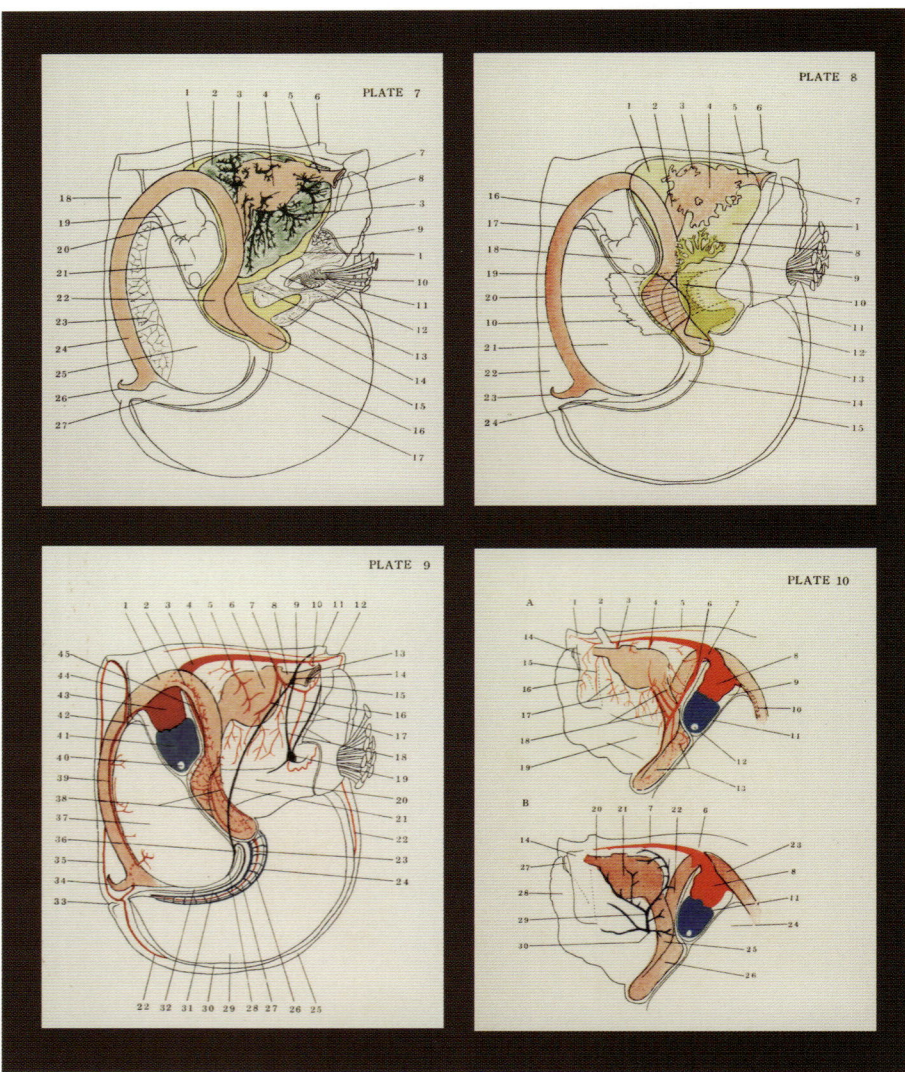

口絵5　椎野季雄作図　アコヤガイ解剖図より（付録：145 ページ）
　　Plate 7：アコヤガイ内臓，消化系および足糸腺．
　　Plate 8：アコヤガイ内臓解剖図，消化管（褐色）とそれを囲繞する生殖巣（黄色）．
　　Plate 9：アコヤガイの血管系と神経系模型図．
　　Plate 10：アコヤガイ血管系（左側）．
　　詳しくは巻末の付録アコヤガイ解剖図（151 〜 154 ページ）を参照のこと．

水産学シリーズ

180

日本水産学会監修

# 真珠研究の最前線
高品質真珠生産への展望

淡路雅彦・古丸 明・舩原大輔 編

2014・9

恒星社厚生閣

# まえがき

　若き御木本幸吉氏がアコヤガイ半円真珠の養殖に成功したのは1893年，今から約120年前のことである．その後，真珠養殖は様々な技術改良，とくに西川藤吉氏，見瀬辰平氏らによる真円真珠作成法の発明により大きく発展し，長くわが国の輸出水産物の主要品目であり続けてきた．しかし現在，アコヤガイを用いた日本の真珠養殖業は，赤潮やアコヤガイ赤変病の発生，南洋産・淡水産真珠との競合，国内外の経済変動など，変化し続ける状況の中で厳しい経営が続いている．そして技術革新による高品質真珠の生産，漁場環境の保全，疾病の防除などが真珠業界全体の取り組むべき大きな課題となっている．

　高品質な真珠を生産するためには，アコヤガイの性質をよく知り，養殖場環境を良い状態に保つことが大切なのはいうまでもない．そのために現在も様々な研究や技術開発が進められており，中でも特筆すべきことは，2012年にアコヤガイのゲノム情報が解読され，公開されたことである．iPS細胞の作製など，遺伝子情報にもとづく新しい技術のニュースが一般にも身近なものとなってきているが，真珠養殖もそのような遺伝子やゲノムの時代を迎えようとしているのである．その過渡期にある今，真珠養殖に関して現在日本で進められている研究と技術開発の現状をまとめ，これからの真珠養殖が進む道を考える材料を提供するために本書の出版を企画した．

　本書はⅠ～Ⅲの三部構成となっている．「Ⅰ．高品質真珠生産技術の開発」ではまず，従来よりもさらに重要性が高まってきているアコヤガイの育種について，1章で育種目標や育種を進める際に考慮すべき点，アコヤガイの遺伝子やDNAマーカーの育種への利用などについて総説する．そして2章および3章では，三重県と長崎県における選抜育種の具体的取り組み事例を紹介するとともに，生産性向上を目指した技術開発例も紹介する．また4章では外套膜組織片の移植という従来の方法に替わる新しい真珠生産法の可能性について紹介する．

　「Ⅱ．真珠養殖における問題点と解決の方向」では，現在真珠養殖が直面する問題点について，まず5章でアコヤガイ赤変病の病原体究明の現状について紹介する．6章では養殖場環境の問題点について，英虞湾を例に現状と課題解決に向けた取り組みを紹介する．7章では真珠やアコヤガイを様々な角度から高度利用し，産業規模において持続可能なゼロ・エミッションにつなげることに成功した例を紹介する．

「III. 遺伝子情報による技術革新の展望」では，ゲノム情報が真珠養殖にどのように生かし得るのかを展望するために，まず8章で真珠の品質や微細構造と真珠袋での遺伝子発現との関連について最新の研究成果を紹介する．9章では真珠形成を遺伝子，タンパク質レベルで理解するための基礎として，貝殻基質タンパク質の構造と機能について，その進化も含めて総説する．最後に10章ではアコヤガイゲノム情報について，ゲノムとは何か？　という基礎からはじめ，真珠形成にかかわる遺伝子を網羅的に解析して新しい遺伝子を多数見出した成果を紹介し，ゲノム情報をどのように真珠産業に生かしていけるかを展望する．

現在，最前線で研究や技術開発に取り組んでいる方々に各章の執筆をお願いした．忙しい業務の中で原稿をご執筆いただいたことにお礼申し上げる．一方，本書で紹介している成果以外にも，真珠養殖に関する多くの優れた研究や技術開発が進められている．しかし，紙面の都合ですべてを紹介することはできなかったことを，編者としてお詫びしたい．

以上の内容に加えて，口絵と巻末にはアコヤガイ解剖図を掲載した．この解剖図は三重県水産試験場（現在の三重県水産研究所）が三重県立大学（現在の三重大学）の椎野季雄教授に依頼して作成し，昭和27（1952）年に「あこやがい（真珠貝）解剖図」として出版したものである．大変詳細で優れた解剖図だが，出版から長い年月を経て，真珠研究に携わる者でもその存在を知る人が少なくなってきている．アコヤガイの体の構造を理解することは，これから真珠の生産や研究に取り組もうという若い方たちにとり，そしてベテランにとっても，とても大切なことであろう．広く利用され続けることを願って掲載することにした．本書への掲載をご了解いただいた三重県水産研究所に厚くお礼申し上げたい．戦後の復興期において，輸出品のエースとして期待された真珠．激動と混乱の時代に，真珠産業を守るための大きな努力が払われた．経済的にもまだ大変厳しかった時代に作られたこの解剖図を眺めていると，真珠の品質を自分たち自身の研究によって高めていこうという，当時の人々の熱意や気概を感じる．真珠産業を取り巻く状況は当時と今ではまったく異なるが，今を生きるわれわれにもそのような心意気が求められているのではないだろうか．本書が真珠産業の健全な発展に少しでも役立つことを願って，まえがきとしたい．

2014年9月

淡路雅彦
古丸　明
舩原大輔

真珠研究の最前線 – 高品質真珠生産への展望 –　目次

　まえがき　……………………………………（淡路雅彦・古丸 明・舩原大輔）

# I. 高品質真珠生産技術の開発

## 1章　アコヤガイの育種　………………………（正岡哲治）……… 9
　§1. 真珠養殖（9）　§2. 真珠養殖の現状と育種目標（11）
　§3. 真珠品質（11）　§4. 真珠養殖における育種（14）
　§5. 育種とDNA研究（16）　§6. 育種の将来展望（18）

## 2章　アコヤガイの改良と新しい養生技術
　　　　　……………………（青木秀夫・渥美貴史・古丸　明）………23
　§1. 真珠品質に関するアコヤガイの形質の改良（24）
　§2. アコヤガイの生理状態の改良（29）　§3. 低塩分海水を
　用いた養生（33）　§4. 今後の展望と課題（35）

## 3章　真珠養殖の生産性向上に関する取り組み
　　　　　………………………………………（岩永俊介）………38
　§1. 主な技術開発（38）　§2. 新しい養殖方法の開発（コスト
　削減）（39）　§3. 生残率が高いアコヤガイの作出（40）
　§4. 真珠の色彩を良くするピース貝の作出（43）　§5. これま
　での取り組みの成果（45）

## 4章　外套膜外面上皮細胞の移植による真珠形成
　　　　　………………（淡路雅彦・柿沼 誠・永井清仁）………48
　§1. 外面上皮細胞とはどのような細胞か（49）　§2. 真珠袋
　はどのようにしてできるか（52）　§3. 外面上皮細胞を移植し
　て真珠を作る（55）　§4. ピースから細胞へ（57）

## II. 真珠養殖における問題点と解決の方向

### 5章 アコヤガイ赤変病の病原体究明の現状
……………………（中易千早・松山知正・小田原和史）………60
§1. 本疾病の特徴（60） §2. 大量へい死の原因究明（62）
§3. アコヤガイ赤変病の対策と現在の発生状況（68）

### 6章 英虞湾における養殖場環境の現状と課題
………………………………（国分秀樹・渥美貴史）………73
§1. 英虞湾の真珠養殖漁場環境の現状（74） §2. 真珠養殖とその環境への影響（78） §3. 数値モデルによる環境悪化原因の究明（81） §4. 英虞湾における環境改善の取り組み状況（83）

### 7章 養殖廃棄物の高度化利用による環境負荷低減
………………………………（前山　薫・永井清仁）………87
§1. 真珠・真珠貝の利用の歴史（88） §2. 真珠・真珠貝から学ぶ高度化利用（89） §3. 真珠養殖におけるゼロ・エミッションの取り組み（95） §4. 総括（97）

## III. 遺伝子情報による技術革新の展望

### 8章 真珠の品質と真珠袋上皮細胞における遺伝子発現
……………………（古丸　明・佐藤　友・井上誠章）……100
§1. 真珠層, 稜柱層基質タンパク質遺伝子の外套膜とピースにおける発現（101） §2. 真珠袋上皮細胞における遺伝子発現と真珠の品質（104） §3. 真珠袋上皮における貝殻基質タンパク質遺伝子の発現量の定量（108）

### 9章 貝殻基質タンパク質にもとづいた貝殻・真珠の形成
………………………………………（宮本裕史）……115
§1. 貝殻基質タンパク質全体の生化学的性質（116） §2. 貝殻基質タンパク質の構造と機能（118） §3. Nacreinタンパ

　　　　ク質から考える貝殻形成と貝殻基質タンパク質の進化（*123*）
　　§4．今後の展望（*125*）

# 10章 アコヤガイゲノム情報の真珠養殖への応用
　　　　　　………………（竹内　猛・木下滋晴・舩原大輔）…… *129*
　　§1．ゲノムとはなにか（*131*）　§2．アコヤガイゲノムの特徴（*134*）　§3．アコヤガイ遺伝子の網羅的解析による貝殻形成遺伝子の探索（*138*）　§4．ゲノムデータベースの水産業への応用（*140*）　§5．ゲノムで高品質真珠が大量生産できるか？（*141*）

付　録 ……………………………………………………………… *145*

# Frontiers in Pearl Research
## – Potential for Technological Innovations in Pearl Culture

Edited by Masahiko Awaji, Akira Komaru and Daisuke Funabara

Preface            Masahiko Awaji, Akira Komaru and Daisuke Funabara

I. Novel technologies for high quality pearl production
   1. Breeding of Akoya pearl oyster            Tetsuji Masaoka
   2. Genetic improvement of Akoya pearl oyster and a new method for post-operative care of implanted oysters
      Hideo Aoki, Takashi Atsumi and Akira Komaru
   3. Efforts to improve productivity in the pearl culture industry
      Shunsuke Iwanaga
   4. Pearl formation by the transplantation of mantle outer epithelial cells
      Masahiko Awaji, Makoto Kakinuma and Kiyohito Nagai

II. Current problems and their solutions in pearl culture
   5. Search for the causal pathogen leading to Akoya oyster disease
      Chihaya Nakayasu, Tomomasa Matsuyama and Kazushi Odawara
   6. Current situation and environmental problems affecting pearl farms in Ago Bay            Hideki Kokubu and Takashi Atsumi
   7. Reduction of environmental loading achieved through intensive use of pearl culture waste            Kaoru Maeyama and Kiyohito Nagai

III. Perspectives of technological innovation based on genetic information on pearl oyster
   8. Pearl quality and related gene expression pattern in the pearl sac epithelium            Akira Komaru, Yu Sato and Masaaki Inoue
   9. Shell and pearl formation based on shell matrix proteins
      Hiroshi Miyamoto
   10. Practical uses of Akoya oyster genome information for pearl culture
       Takeshi Takeuchi, Shigeharu Kinoshita and Daisuke Funabara

# I. 高品質真珠生産技術の開発

## 1章　アコヤガイの育種

正岡哲治[*]

　真珠養殖が始まって以来，美しい真珠を作るための技術開発が進められてきた．とくにアコヤガイの個体の特性や生理状態は真珠品質に影響を及ぼすと考えられるため，アコヤガイの育種を通じた真珠の品質向上に期待が寄せられている．

　本稿では，真珠養殖について概要を説明した後，真珠養殖の現状と問題点を解決するための育種目標，真珠品質とアコヤガイの関係，アコヤガイの育種による真珠品質の改良について，これまでの研究成果も踏まえて概説する．また，育種を推進する上で問題となっている点について触れ，アコヤガイゲノム情報などの基盤情報の利用についても考察する．

### §1. 真珠養殖

　アコヤガイ *Pinctada fucata* の貝殻は外側が地味な色をした稜柱層で，内側が輝く美しい真珠層でできている（図1・1）．実は真珠の表面にある真珠層と貝殻の真珠層は構造が同じであり，これらは外套膜という組織の上皮細胞によって形成される（図1・1）．真珠養殖では，この外套膜の真珠層形成能力を利用する．

　まず，アコヤガイの外套膜を切り出し，真珠層を作る部分を2, 3 mm くらいの短冊状に切断する（図1・2）．次に，切断したそれぞれの外套膜の組織片（真珠養殖業者はピースと呼ぶ）を，貝殻を丸く削って作った真珠核と一緒に，別のアコヤガイの生殖巣内へ外科的に移植する．この外套膜を提供するアコヤガイは供与貝あるいはピース貝と呼ばれ，外套膜組織片と真珠核を移植されるアコヤガイは母貝と呼ばれる．その後，この組織片は真珠核の表面を包み込む真

---

[*] 独立行政法人水産総合研究センター増養殖研究所

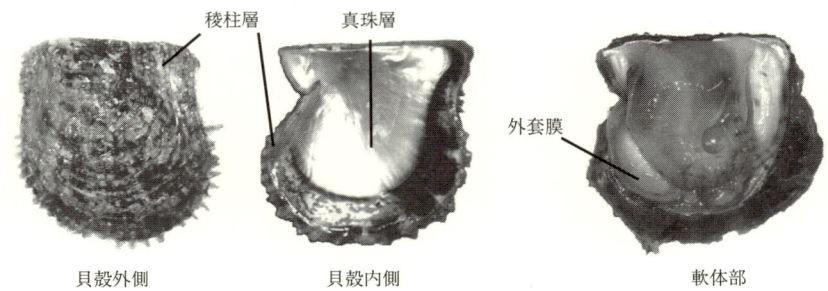

図1・1　アコヤガイの貝殻と外套膜

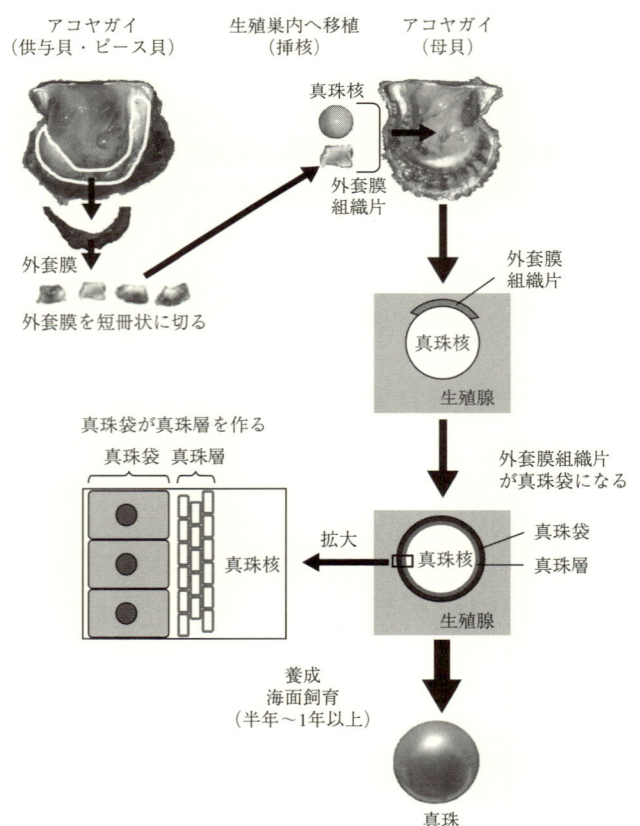

図1・2　真珠養殖の方法

珠袋となり，真珠核の表面上に真珠層が形成される[1-3]．この移植手術を受けた母貝を約6ヶ月〜20ヶ月間，海で飼育すると真珠ができる．

供与貝や母貝の生産から真珠ができるまでに3，4年かかるが，真珠養殖業者はその間に様々な作業を行いアコヤガイを養殖管理している．

## §2. 真珠養殖の現状と育種目標

アコヤガイによって生産された養殖真珠は，日本における輸出水産物の花形であった．しかし，シロチョウガイ *Pinctada maxima* やクロチョウガイ *Pinctada margaritifera*，ヒレイケチョウガイ *Hyriopsis cumingii* などを用いて生産された海外の養殖真珠と競合するようになったことや，世界的な不況，消費者の嗜好の変化，疾病によるアコヤガイのへい死，漁場環境の悪化などにより，生産額，生産量ともに減少している．

これに対し，海外で生産された養殖真珠と品質で差別化することや，マーケティングにより消費者のニーズを把握し顧客を開拓すること，消費者に対する信頼を得てブランド化していくこと，付加価値をつけることなどで，真珠養殖産業は復活できると考えられる．それには高品質の真珠が必要不可欠である．しかし，花珠（はなだま）と呼ばれる高品質の真珠は，生産される真珠の5％以下であるのが現状である．このため，真珠養殖業者は大量のアコヤガイを養殖することになり，生産効率と漁場の悪化をも招いている．

このような現状を打破するには，高品質真珠の効率的な生産に貢献する技術を開発することが不可欠である．よって最終的な育種目標も高品質真珠を効率的に生産するアコヤガイの開発となる．

## §3. 真珠品質

### 3・1 真珠品質について

真珠業界でいわれる真珠の品質には，色，照り，巻き，形，シミ・キズがある．真珠の周辺に見える白い色が真珠の色で，業界では物体色，実体色ともいう．物理的には色素色であり，真珠層内外の色素が関与する．真珠中心部に見られるピンク色や緑色の部分が業界でいわれる真珠の照りで，照りを干渉色と光沢に分ける場合もある．この場合，真珠中心部に見られるピンク色や緑色が干渉色で，

光の反射による輝きのことが光沢となる．干渉色は物理的には構造色のことで，光が干渉し合うことにより目に見える色である．実際に真珠に色が付いているわけではない．真珠の表面にある真珠層は，極めて薄い透明なタンパク質層とあられ石と呼ばれる炭酸カルシウムの層が交互に重なり合ってできている．真珠層に入った光は，この異なる屈折率をもち平行に配列した透明な2層によって，透過光や反射光がお互い干渉するようになり，特有の干渉色と光沢が表れる．この干渉色と光沢は真珠品質にとって最も重要であり，真珠層の結晶構造が大きく関与する．この他にも真珠表面の細かな凹凸でできる陰により，表面が滑らかに見えたり，ざらついているように見えたりする光の遮蔽効果がある．これを真珠業界では質感や粗さという場合がある．

巻きは真珠表面にある真珠層の厚さを指す．なお，ある一定の範囲内に収まる大きさのあられ石が，規則的に積み上がった真珠層では，層全体の厚み（巻き）が増すと照りが良くなると考えられている．

形は真珠全体の形で，基本的に真珠核の形に左右される．シミ・キズは有機質や稜柱層が含まれた汚れのような色や真珠表面の傷みで，真珠袋の分泌異常が原因と考えられている．

### 3・2 真珠品質に関係する要因

真珠品質を左右する要因は，アコヤガイの性質（貝），漁場環境（海），生産者による養殖管理技術（人）の3つに分けられる（図1・3）．アコヤガイの性質（貝）では，アコヤガイの生理・繁殖，貝殻形成，真珠袋の形成や挙動が真珠品質を左右する．漁場環境（海）では，水温，塩分，餌料，潮流などがアコヤガイの成長や生理状態などに影響するため，真珠品質を左右する要因となる．さらに，漁場環境（海）やアコヤガイの性質（貝）を見ながら仕立て（抑制・卵抜き）や挿核，養生，掃除，寄生虫などの防除，避寒（避暑）などを行うが，このような生産者による養殖管理技術（人）も真珠品質を左右する．

また，これまでの研究や養殖現場での経験により，色や照り，巻きは供与貝や母貝の選抜と漁場の選択などの養殖管理が影響すると考えられている（表1・1）．形は真珠核の調整，挿核が影響し，シミ・キズは挿核，母貝の仕立て，養生といった養殖管理が影響すると考えられている（表1・1）．

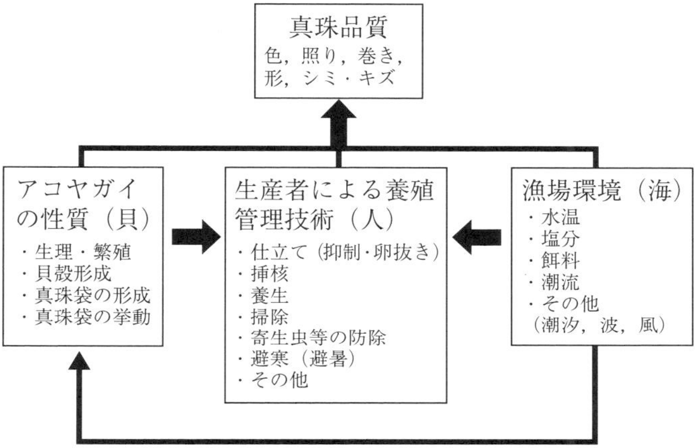

1章 アコヤガイの育種 13

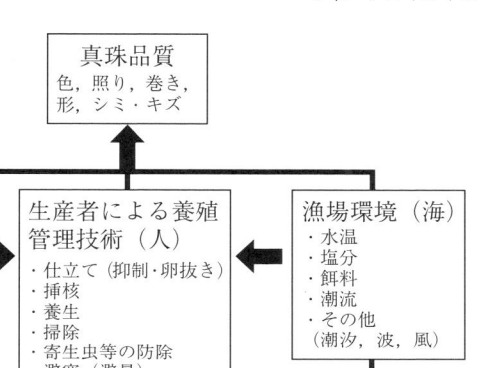

図1・3 真珠品質を左右する要因
仕立て：挿核の手術による反応をやわらげるために生理活動を抑制する（抑制）とともに生殖巣の中にある配偶子を体外にはき出させる（卵抜き）．挿核：外科手術により母貝の生殖巣内に真珠核と外套膜組織片を移植する．養生：手術後の傷の治癒や体調を回復させるため穏やかな漁場で静養させる．掃除：貝殻に付いた付着生物を取り除く．

表1・1 真珠品質と維持・向上のための対策

| 品質要素<br>（業界用語） | 物理的用語<br>（括弧内は業界用語） | 品質維持・向上のための対策 |
| --- | --- | --- |
| 色 | 色素色（物体色，実体色） | 供与貝選抜（遺伝形質），養殖管理（漁場の選択） |
| 照り | 構造色（干渉色），光沢<br>光の遮蔽効果（質感，粗さ） | 供与貝と母貝の選抜（遺伝形質），養殖管理（漁場の選択） |
| 巻き | 真珠層全体の厚さ | 母貝と供与貝の選抜（遺伝形質），養殖管理（漁場の選択） |
| 形 | 真珠の形 | 真珠核の調整，挿核 |
| シミ・キズ | 汚れのような色や真珠表面の傷み | 養殖管理（挿核，母貝の仕立て，養生） |

§4. 真珠養殖における育種

4・1 育種による真珠品質の改良は可能か

育種とは，生物をヒトにとって都合の良い性質をもつよう遺伝的に変えることである．育種を進めるには目的の個体から配偶子を得て子どもを作る繁殖技術と，受精以降の飼育技術が確立している必要がある．真珠を生産するアコヤガイは，人工授精も養殖管理も技術的に確立しているため，この要件を満たしている．また，育種目標が形質と呼ばれる親から子へ遺伝する性質でなくては，育種による改良は期待できない．これについても，真珠品質のうち，色や照り，巻きは供与貝や母貝の選抜が改善に有効であり（表1・1），遺伝形質であることがわかっている[4-6]．このため，育種による真珠品質の改良は可能であると考えられる．

4・2 真珠品質の評価

育種では改良したい形質を評価し，優良個体を選んで交配する．真珠養殖におけるアコヤガイの育種では，育種目標が上述の通り高品質真珠を効率的に生産できるアコヤガイの開発であるため，最終的にはアコヤガイではなくアコヤガイが生産した真珠の品質を評価する．そして，高品質の真珠をより多く生産したアコヤガイを選抜して親に用いることになる．上述の通り育種で改良できる真珠品質は，主に色，照り，巻きである．真珠品質の改良を目指した育種を適切に推進するには，真珠品質の客観的評価法が不可欠となる．

近年，材質感の知覚に関する脳情報学研究の知見をもとにした光沢感や干渉色などの真珠品質を数値化する技術が開発されている[7]．このため，これを利用して真珠品質の指標化や基準を作成することは，異なる漁場や時期，研究機関で実施した育種試験の結果を比較する上でも重要である．

4・3 真珠養殖におけるアコヤガイの役割

アコヤガイの育種にあたっては，真珠養殖におけるアコヤガイの役割，具体的には供与貝と母貝の役割を確認しておく必要がある．上述の通り，供与貝の外套膜組織片を母貝に移植し，真珠核の周りに真珠袋を形成させ，これに真珠を作らせることが，真珠養殖の原理である（図1・2）．これまで，養殖真珠の真珠層は供与貝の貝殻真珠層の特性を受け継ぐことが示唆されてきた[4-6]．しかし，供与貝由来の上皮細胞によって真珠が形成されているかは確認できていな

かった．

　Masaoka et al.[8] は真珠形成に関与する N16 遺伝子と N19 遺伝子に着目し，供与貝の外套膜，真珠袋および母貝の外套膜の各組織で発現している両遺伝子の塩基配列をそれぞれ比較した．その結果の一部を表1・2にまとめた．表1・2の左上の N16 遺伝子を例にすると，N16 遺伝子の型は供与貝外套膜では A 型と C 型で，母貝外套膜では E 型と F 型であったときに，真珠袋の遺伝子の型は供与貝と同じ A 型と C 型であった．このように，真珠袋では供与貝外套膜に見られるが，母貝外套膜には見られない型が確認された（表1・2）．また，母貝外套膜に見られるが，供与貝外套膜には見られない型は確認されなかった（表1・2）．このため，供与貝由来の細胞が存在し続け，真珠層を形成していると考えられた．また，シロチョウガイとクロチョウガイを用いて異種間で真珠を生産した試験などにおいても，同様の結果が得られている[9-12]．よって，母貝の役割は，真珠袋が真珠層を形成できる環境を提供すること，具体的には真珠袋の細胞が生きていけるように栄養や酸素などを供給し，真珠袋の細胞から出る不要な老廃物などを廃棄することと，真珠層形成に必要な材料を供給することなどである．このため，真珠袋が真珠層形成能力を発揮できるかどうかは母貝次第である．また，真珠袋に真珠層を形成させられるのは，いわゆる健康な（活力のある）母貝であると考えられている．

表1・2　供与貝外套膜と真珠袋および母貝外套膜における遺伝子の型の比較
　　　　A〜H は遺伝子型で太字は供与貝外套膜に特有の型を示す．文献8）より一部改変引用．

| 遺伝子 | 遺伝子型 供与貝外套膜 | 真珠袋（挿核後12ヶ月） | 母貝外套膜（挿核後12ヶ月） | 遺伝子 | 遺伝子型 供与貝外套膜 | 真珠袋（挿核後18ヶ月） | 母貝外套膜（挿核後18ヶ月） |
|---|---|---|---|---|---|---|---|
| N16 | AC | AC | EF | N16 | BC | BC | AB |
| N16 | BC | BC | D | N16 | BC | BC | BG |
| N16 | BC | BC | A | N16 | AC | AC | BD |
| N16 | AC | AC | GH | N19 | AB | AB | A |
| N16 | BC | C | A | N19 | AB | AB | A |
| N19 | ABC | B | A | N19 | AB | B | A |

## §5. 育種とDNA研究
### 5・1 育種の進め方

アコヤガイの育種では，I. 育種素材の収集で遺伝的に異なると期待される個体を複数の産地などから集め，II. 形質の評価で集めた個体がどのような形質をもっているか調べ，III. 形質の導入・固定の過程で交配などを通じて集めた個体あるいはその子孫に新しい形質を付与したり，子どもの多くが親から形質を受け継ぐようにする（系統の作成）（図1・4）．形質を調べて優良な個体であれば遺伝資源として継代して保存したり，親に用いて交配し，優良な子どもを選抜して優良形質をもつ系統の作成に利用する．さらに，作成した系統の個体と別の系統の個体との間で交雑することにより，育種素材や実用的な新系統を作成する（図1・4）．

育種素材の探索や系統の維持，実用新系統の作出には，系統の確認（親子判別），交雑の監視または確認，遺伝的多様性の把握（近交弱勢の防止），育種素材に利用できる遺伝資源の把握，形質特性の把握が重要となる．しかし，アコヤガイでは貝殻の形態などの見てわかる特徴は，これらの目的に用いることが難しく，新たな指標や目印となり得るものが必要であった．近年，急速に進展したアコヤガイのDNA研究は，この要求に応える可能性を秘めている．

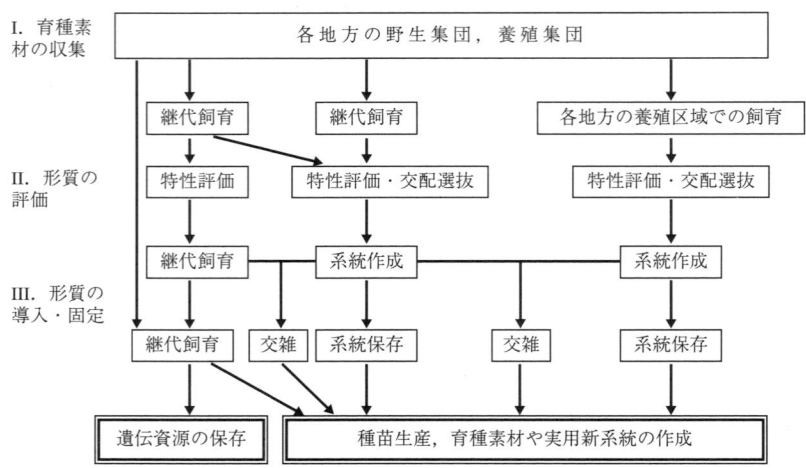

図1・4　真珠養殖におけるアコヤガイの育種

## 5・2 アコヤガイのDNAに関する研究
### 1）遺伝子の探索，機能解析に関する研究

この10年あまりにアコヤガイの遺伝子，とくに貝殻形成遺伝子の探索や機能解析に関する研究が進展した．これにより，真珠層のタンパク質，カルシウムイオンや炭酸イオンの輸送，炭酸カルシウムの合成・結晶化などに関与する遺伝子が発見され，どの組織で発現しているかも調べられてきた．このうち真珠層形成に関与するNacrein（Nacrein CA）[13]，MSI60[14]，N16[15]，N19[16]，Pif177[17]などの遺伝子は，外套膜だけでなく真珠袋でも発現しており[18-23]，真珠層の結晶構造にも影響を与えると考えられる．さらに，アコヤガイの外套膜や真珠袋で発現している遺伝子の網羅的解析とゲノム解析が行われ，新しい真珠層形成遺伝子の候補も発見されている[24,25]（10章参照）．

貝殻形成に関与する遺伝子では，個体間でアミノ酸配列の置換や欠失挿入を伴う塩基配列の変異が確認されている[26-28]．また，これらの変異は親から子へ遺伝することも報告されている[26,27]．このため，貝殻形成遺伝子などの塩基配列の違いを利用して，様々な用途に使用できるDNAマーカーの開発が期待できる．

### 2）遺伝的変異性に関する研究

各産地のアコヤガイやアコヤガイと近縁種との間で，DNAの塩基配列にどの程度違いがあるか調べられている[29-38]．これは，アコヤガイの遺伝資源を把握する上で重要である．これらの結果から，大西洋に分布するメキシコアコヤガイ *Pinctada imbricata*，ペルシャ湾などに分布する *Pinctada radiata* および太平洋に分布するアコヤガイはそれぞれ遺伝的に分化しており，交雑育種が期待できる．しかし，国内遺伝資源への影響と病原体導入の問題もあるため，適切な管理をした上で実施することが必要である．また，西日本のアコヤガイは多様な遺伝子組成を有する同じ遺伝資源として，離島や塩湖の隔離されたアコヤガイは地域特異的な遺伝資源として扱えると考えられる．さらに，海流や移殖により遺伝子流動が起こり続けている可能性があるため，同じ産地のアコヤガイでも，採集した年が異なればそれぞれ異なる遺伝資源として扱えると考えられる．

また，これらの塩基配列の違いを利用したDNAマーカーによるアコヤガイ

と近縁種を判別する手法も開発されており，国内遺伝資源への影響や交雑育種の確認も可能となっている[39-42]．

### 5・3 育種への DNA マーカーの利用

ゲノム情報や真珠袋などで発現する遺伝子の情報，遺伝子の多型性の確認の成果から，塩基配列の個体間あるいはゲノム間の多型を利用した DNA マーカーを新たに開発し，個体や系統，遺伝的変異性の目印として利用できると考えられる．このような DNA マーカーは育種素材の探索や系統の維持，実用新系統の作出に貢献すると考えられる．とくに，形質の特性を示す目印については，これまでになかった新しい育種を可能にすると期待される．

## §6. 育種の将来展望

ゲノムや遺伝子あるいは RNA といった核酸や，タンパク質，糖質，ホルモン，各種因子，細胞などの基盤研究の成果・情報により，アコヤガイの生理，繁殖，免疫，貝殻形成，遺伝，生態などの知見が蓄積され，生物としてのアコヤガイの理解が深まりつつある．これらの知見や情報を利用して，真珠養殖現場で求められている母貝や供与貝を育種で作出することが重要である．例えば母貝に求められるのは，健康である，死なない，病気に強い，成長が良い，高水温や低水温に強い，卵抜きしやすいことであり，供与貝であれば真珠層が厚い，真珠層に黄色色素がない，真珠層が美しいことである（図1・5）．また，母貝と供与貝に共通して成長が良く貝殻が重い貝も求められる．それには漁場環境や養殖管理の客観的なデータを取り，育種と養殖管理のどちらが目標達成により有効なのか，あるいは組み合わせた方が良いのかを検討する必要がある．また，漁場ごとにあるいは年ごとに母貝を取り巻く環境が異なるため，漁場環境ごとに優良母貝は異なると考えられる．さらに，抗病性，成長，温度耐性，真珠層の美しさに関与する形質を育種で改良していくには，客観的に特性（形質）を評価する手法の開発も必要である．一方で，養殖現場からの要望を科学的に解釈することが必要である．また，養殖現場で見られる現象が新たな発見につながる可能性もある．このため，研究者や真珠養殖業者などの様々な関係者が情報を共有して議論を深めていくことも重要となる．

以上が，最終的な育種目標を達成するために基盤研究が果たす役割であると

考えられる．一方で，核酸やタンパク質の情報などが直接形質の改良につながる場合もある．何かの物質などを指標にして選抜するというやり方で，血中タンパクや酵素活性，貝殻を閉じる閉殻力などが，活力のある母貝（健康な母貝，死なない母貝，病気に強い母貝）の選抜指標として利用されている（2，3章参照）．今後は，ゲノム情報から形質の指標となるDNAマーカーが開発できると期待される．

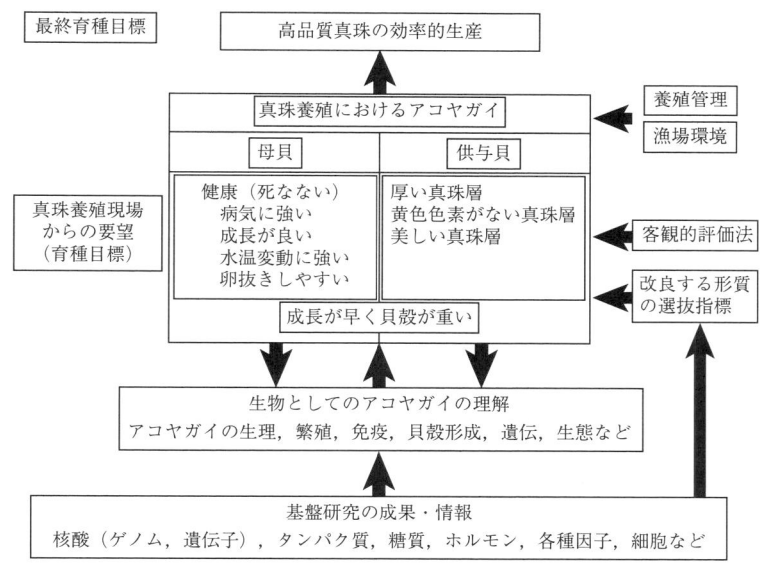

図1・5 基盤研究から最終的な育種目標までの流れ

## 文 献

1) Kawakami IK. Studies on pearl-sac formation. I. On the regeneration and transplantation of the mantle piece in the pearl oyster. *Mem. Fac. Sci. Kyushu Univ.* (*Ser E*) 1952; 1: 83-88.
2) 町井 昭．真珠袋形成に関する組織学的研究．国立真珠研報 1968; 13: 1489-1539.
3) Awaji M, Suzuki T. The pattern of cell proliferation during pearl sac formation in the pearl oyster. *Fish. Res*. 1995; 61: 747-751.
4) 和田浩爾．黄色真珠の生成に関する実験生物学的研究．国立真珠研報 1969; 14: 1765-1820.
5) 和田克彦．アコヤガイの改良に関する研究．養殖研報 1984; 6: 79-157.
6) Wada KT, Komaru A. Color and weight of pearls produced by grafting the mantle tissue from a selected population for white shell

color of the Japanese pearl oyster *Pinctada fucata martensii* (Dunker). *Aquaculture* 1996; 142: 25-32.
7) Toyota T, Nakauchi S. Optical measurement of interference color of pearls and its relation to subjective quality. *Optical Review* 2013; 20: 50-58.
8) Masaoka T, Samata T, Nogawa C, Baba H, Aoki H, Kotaki T, Nakagawa A, Sato M, Fujiwara A, Kobayashi T. Shell matrix protein genes derived from donor expressed in pearl sac of Akoya pearl oysters (*Pinctada fucata*) under pearl culture. *Aquaculture* 2013; 384-387: 56-65.
9) Arnaud-Haond S, Goyard E, Vonau V, Herbaut C, Prou J, Saulnier D. Pearl formation: persistence of the graft during the entire process of biomineralization. *Mar. Biotechnol.* 2007; 9: 113-116.
10) McGinty EL, Evans BS, Taylor JUU, Jerry DR. Xenografts and pearl production in two pearl oyster species, *P. maxima* and *P. margaritifera*: Effect on pearl quality and a key to understanding genetic contribution. *Aquaculture* 2010; 302: 175-181.
11) McGinty EL, Zenger KR, Taylor JUU, Evans BS, Jerry DR. Diagnostic genetic markers unravel the interplay between host and donor oyster contribution in cultured pearl formation. *Aquaculture* 2011; 316: 20-24.
12) McGinty EL, Zenger KR, Jones DB, Jerry DR. Transcriptome analysis of biomineralisation-related genes within the pearl sac: Host and donor oyster contribution. *Mar. Genomics* 2012; 5: 27-33.
13) Miyamoto H, Miyashita T, Okushima M, Nakano S, Morita T, Matsushiro A. A carbonic anhydrase from the nacreous layer in oyster pearls. *Proc. Natl. Acad. Sci. USA* 1996; 93: 9657-9660.
14) Sudo S, Fujikawa T, Nagakura T, Ohkubo T, Sakaguchi K, Tanaka M, Nakashima K, Takahashi T. Structures of mollusc shell framework proteins. *Nature* 1997; 387: 563-564.
15) Samata T, Hayashi N, Kono M, Hasegawa K, Horita C, Akera S. A new matrix protein family related to the nacreous layer formation of *Pinctada fucata*. *FEBS Lett.* 1999; 462: 225-229.
16) Yano M, Nagai K, Morimoto K, Miyamoto H. A novel nacre protein N19 in the pearl oyster *Pinctada fucata*. *Biochem. Biophys. Res. Commun.* 2007; 362: 158-163.
17) Suzuki M, Saruwatari K, Kogure T, Yamamoto Y, Nishimura T, Kato T, Nagasawa H. An acidic matrix protein, Pif, is a key macromolecule for nacre formation. *Science* 2009; 325: 1388-1390.
18) Takeuchi T, Endo K. Biphasic and dually coordinated expression of the genes encoding major shell matrix proteins in the pearl oyster *Pinctada fucata*. *Mar. Biotech.* 2006; 8: 52-61.
19) Wang N, Kinoshita S, Riho C, Maeyama K, Nagai K, Watabe S. Quantitative expression analysis of nacreous shell matrix protein genes in the process of pearl biogenesis. *Comp. Biochem. Physiol. Part B* 2009; 154: 346-350.
20) Inoue N, Ishibashi R, Ishikawa T, Atsumi T, Aoki H, Komaru A. Gene expression patterns and pearl formation in the Japanese pearl oyster (*Pinctada fucata*): A comparison of gene expression patterns between the pearl sac and mantle tissues. *Aquaculture* 2010; 308: 568-574.
21) Inoue N, Ishibashi R, Ishikawa T, Atsumi T, Aoki H, Komaru A. Can the quality of pearls from the Japanese pearl oyster (*Pinctada fucata*) be explained by the gene expression patterns of the major shell matrix proteins in the pearl sac? *Mar. Biotechnol.* 2011; 13: 48-55.

22) Inoue N, Ishibashi R, Ishikawa T, Atsumi T, Aoki H, Komaru A. Gene expression patterns in the outer mantle epithelial cells associated with pearl sac formation. *Mar. Biotechnol.* 2011; 13: 474-483.
23) Zhang L, He M. Quantitative expression of shell matrix protein genes and their correlations with shell traits in the pearl oyster *Pinctada fucata. Aquaculture* 2011; 314: 73-79.
24) Kinoshita S, Wang N, Inoue H, Maeyama K, Okamoto K, Nagai K, Kondo H, Hirono I, Asakawa S, Watabe S. Deep sequencing of ESTs from nacreous and prismatic layer producing tissues and a screen for novel shell formation-related genes in the pearl oyster. *PLoS ONE* 2011; 6: e21238.
25) Takeuchi T, Kawashima T, Koyanagi R, Gyoja F, Tanaka M, Ikuta T, Shoguchi E, Fujiwara M, Shinzato C, Hisata K, Fujie M, Usami T, Nagai K, Maeyama K, Okamoto K, Aoki H, Ishikawa T, Masaoka T, Fujiwara A, Endo K, Endo H, Nagasawa H, Kinoshita S, Asakawa S, Watabe S, Satoh N. Draft Genome of the Pearl Oyster *Pinctada fucata*: A platform for understanding bivalve biology. *DNA Res.* 2012; 19: 117–130.
26) 正岡哲治, 小林敬典. アコヤガイの貝殻形成に関与するKRMP遺伝子の多型性と遺伝性の解析. DNA多型 2009; 17: 126-135.
27) 正岡哲治, 小林敬典. アコヤガイの真珠層形成に関与するN19遺伝子の多型性と遺伝性の解析. DNA多型 2010; 18: 102-108.
28) Nogawa C, Baba H, Masaoka T, Aoki H, Samata T. Genetic structure and polymorphisms of the N16 gene in *Pinctada fucata. Gene* 2012; 504: 84-91.
29) 小林敬典, 正岡哲治. ミトコンドリアrRNA塩基配列からみたアコヤガイ類の系統関係. DNA多型 2001; 9: 90-94.
30) Colgan DJ, Ponder WF. Genetic discrimination of morphologically similar, sympatric species of pearl oyster (Mollusca : Bivalvia : *Pinctada*) in Eastern Australia. *Mar. Freshwater Res.* 2002; 53: 697-709.
31) 正岡哲治, 小林敬典. 28SrRNA全領域及びITS領域を用いたアコヤガイ属の類縁関係. DNA多型 2003; 11: 76-81.
32) 渥美貴史, 古丸明, 岡本ちひろ. 日本産アコヤガイ *Pinctada fucata martensii* と外国産アコヤガイの遺伝的特性. 水産育種 2004; 33: 135-142.
33) 正岡哲治, 小林敬典. rRNA遺伝子を用いた真珠生産に利用されるアコヤガイ類の類縁関係とアコヤガイ属の適応放散過程の推定. DNA多型 2005; 13: 151-162.
34) He M, Huang L, Shi J, Jiang Y. Variability of ribosomal DNA ITS-2 and its utility in detecting genetic relatedness of pearl oyster. *Mar. Biotechnol.* 2005; 15: 40-45.
35) 正岡哲治, 小林敬典. アコヤガイ属貝類の系統と種判別に関する研究―分子遺伝学的手法の導入と応用―. 水産育種 2006; 36: 1-14.
36) Yu DH, Chu KH. Species identity and phylogenetic relationship of the pearl oysters in *Pinctada* (Röding, 1798) based on ITS sequence analysis. *Biochemica. Syst. Ecol.* 2006; 34: 240-250.
37) Yu DH, Chu KH. Low genetic differentiation among widely separated populations of the pearl oyster *Pinctada fucata* as revealed by AFLP. *J. Exp. Mar. Biol. Ecol.* 2006; 333: 140-146.
38) Yu DH, Jia X, Chu KH. Common pearl oysters in China, Japan, and Australia are conspecific: evidence from ITS sequences and AFLP. *Fish. Sci.* 2006; 72: 1183-1190.
39) Masaoka T, Kobayashi T. Polymerase chain reaction-based species identification of pearl oyster using nuclear ribosomal DNA internal transcribed spacer regions. *Fish Genet. Breed.*

*Sci.* 2004; 33: 101-105.
40) Masaoka T, Kobayashi T. Natural hybridization between *Pinctada fucata* and *Pinctada maculata* inferred from internal transcribed spacer regions of nuclear ribosomal RNA genes. *Fish. Sci.* 2005; 71: 829-836.
41) Masaoka T, Kobayashi T. Species identification of *Pinctada imbricata* using intergenic spacer of nuclear ribosomal RNA genes and mitochondrial 16S ribosomal RNA gene regions. *Fish. Sci.* 2005; 71: 837-846.
42) Masaoka T, Kobayashi T. Species identification of *Pinctada radiata* using intergenic spacer of nuclear ribosomal RNA genes and mitochondrial 16S ribosomal RNA gene regions. *Fish Genet. Breed. Sci.* 2006; 35: 49-59.

# 2章　アコヤガイの改良と新しい養生技術

青木秀夫[*1]・渥美貴史[*1]・古丸　明[*2]

　わが国のアコヤガイ真珠養殖業の収益性を高め，経営を安定化させるには，真珠の生産性を向上させることが重要である．近年，養殖現場では疾病や有害赤潮の発生などの様々な原因によって，挿核済みのアコヤガイの生残率が低下し問題となっている[1-3]．挿核したアコヤガイの生残率の低下は，真珠の生産性低下に直接結びつくが，生残率を高めるだけでは生産性の向上に必ずしも結びつかない．アコヤガイから取り出された真珠の品質には大きな違いがあり，美しく輝く真珠層のみでできた高品質真珠以外に，稜柱層や有機質の異質層を含んだ商品価値の低い，あるいはまったくない真珠がみられる[4]．高品質真珠の生産割合は 10～30％前後と，概して低いのが現状である．したがって，真珠の生産性を高めるには高品質真珠を効率的に生産することが重要であり，そのための実用技術の開発が求められている．

　真珠の品質は，色調（実体色，干渉色），光沢，巻き（真珠層の厚さ），シミ・キズの有無，形，大きさなどについて総合的に評価されて決まる[5]．これらの品質要素は，アコヤガイの性質（貝），漁場環境（海），生産者による養殖管理技術（人）によって大きく左右される．しかし，各品質要素に対する貝・海・人の影響の大きさや作用のメカニズムはそれぞれ異なっており，要素ごとに品質を向上させる技術を開発する必要がある．したがって，真珠の品質を総合的に向上させるためには，各要素がどのような原理，メカニズムで決定されるのかということを踏まえ，その上で要素間の影響も考慮して技術を開発しなければならない．

　本稿では，筆者らがこれまで開発に取り組んできた，高品質真珠の効率的生産につながる技術をまとめた．アコヤガイの改良では，品質要素のうち色調（黄色度）と巻きの改善，また近年問題となっている高水温期の衰弱による生残率

---

[*1] 三重県水産研究所
[*2] 三重大学大学院生物資源学研究科

の低下の対策として取り組んだ生理状態の改良に関する研究成果について述べる．また真珠の品質低下の大きな要因となっているシミ・キズの形成を低減させる新たな養殖管理方法として，低塩分海水を用いた養生技術の開発について紹介する．

## §1. 真珠品質に関するアコヤガイの形質の改良
### 1・1 真珠層の黄色度
真珠の色調は様々であるが，黄色については真珠層中に含有される黄色色素の量の違いによって決まる実体色と，結晶構造に起因する干渉色がある．実体色は，便宜的に白色，淡黄色，濃黄色に分けられる[6,7]．

実体色の異なる真珠の経済価値を比較すると，一般的に黄色より白色の真珠の方が高価である．真珠の実体色が異なる機構としては，挿核施術の際に用いる外套膜片給与体（ピース貝）の色素分泌能力に依存することが明らかにされている[5]．すなわち，ピース貝の外套膜上皮細胞の分泌特性は，挿核施術後に作られた真珠袋に受け継がれることから，ピース貝の真珠層黄色度と，その外套膜片を用いて生産された真珠の黄色度には対応関係がみられる．

アコヤガイの貝殻真珠層の黄色度は量的形質であり，個体ごとに連続した変異がある．そのため，真珠層の黄色度が重要な形質となり，高価な白色真珠を高率で生産することのできる黄色度の低い（＝白い）真珠層を有するアコヤガイが育種の目標となる．

### 1) 真珠層黄色度の計測
アコヤガイの貝殻は炭酸カルシウムを主成分とする真珠層と稜柱層および有機基質の殻皮から構成され，いずれも外套膜から成分が分泌される．真珠層の黄色度を評価するには，まず貝殻から稜柱層を除去し，真珠層のみをサンプルとして得なくてはならない．この方法として，林[8]は10％水酸化カリウム溶液を用いて110℃，10分間蒸煮することにより適切に処理できることを報告している．真珠層の黄色度は，水に濡れた状態と乾いた状態では以下に示す手法により計測したときに値が異なるため，サンプルを十分に乾燥させてから計測することとしている．

次に黄色度を数値化するために真珠層サンプルの表面を測色計（色彩色差計）

で計測する．標準イルミナント $D_{65}$ を光源とし，$XYZ$ 表色系を用いる場合，黄色度は以下の式で算出される．

$$YI = 100 (1.2985X - 1.1335Z)/Y$$

ここで，$YI$ ＝黄色度，$X$，$Y$，$Z$ ＝ $XYZ$ 表色系における試料の三刺激値

### 2）選抜育種による改良効果

海域で採集されたアコヤガイを基礎集団として，真珠層の黄色度を指標に白色すなわち黄色度の値の低い方向へ選抜した実験の経過を紹介する[8]．黄色度の推移をみると，基礎集団の平均値は 28.8（範囲：10.8 ～ 44.9），第 1 世代集団では 23.9（9.0 ～ 38.1），第 2 世代集団では 15.3（5.6 ～ 28.9）となり，後代ほど黄色度が低下した（図 2・1）．この第 2 世代集団をピース貝として真珠生産試験を行った結果，生産された真珠はほぼすべてが白色真珠であった．また，白色真珠を生産するピース貝は，「真珠層黄色度 23 以下」が基準になることが明らかとなった．

選抜による改良の有効性を評価する指標として遺伝率（実現遺伝率）がある．実現遺伝率は以下の式で計算され，通常 0 ～ 1 の範囲の値をとり，値が大きいほど改良の効果が大きいことを意味する．

$$h^2 = (Y_o - Y)/(Y_p - Y) = 選抜による獲得量 / 選抜差$$

ここで，$h^2$ ＝実現遺伝率，$Y_o$ ＝子孫の形質量，$Y$ ＝集団の形質量，$Y_p$ ＝選抜された親集団の形質量（形質量はすべて平均値）

図 2・1 に示した選抜実験における基礎集団の親と第 1 世代集団の黄色度をもとに推定された実現遺伝率は $h^2 = 0.75$ で，第 1 世代集団の親と第 2 世代集団からの値は $h^2 = 0.96$ と，いずれも高い値を示した．また，別の実験において真珠層黄色度の親子回帰により推定された遺伝率も $h^2 = 0.67$ と高かった[9]．一般的に，0.2 以上の遺伝率をもつ形質は個体選抜による効果があるとされている．これらのことから，アコヤガイの真珠層黄色度は遺伝の関与が大きく，白色方向への選抜育種の有効性が明らかとなった．

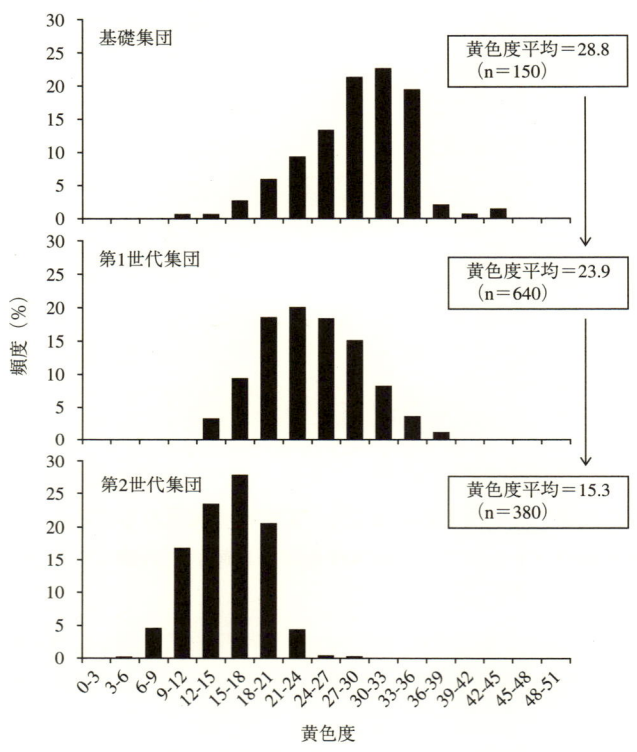

図2・1 アコヤガイ真珠層黄色度の白色方向への改良の経過
文献8)から改変して引用.

### 1・2 巻き（真珠層の厚さ）

　真珠の巻きは，挿核施術後に真珠核の周囲に分泌された真珠層の厚さのことであり，真珠特有の美しい干渉色や光沢に関係する重要な品質要素である．真珠における真珠層の成長の機構は，基本的には貝殻真珠層の成長と同じで，アコヤガイの生鉱物化作用による．すなわち，真珠層形成は外套膜あるいは真珠袋上皮細胞のカルシウム代謝に依存し，代謝に必要な生体内の物質を供給する母貝の生理状態や環境の影響を受けることが明らかにされている[10, 11]．真珠の重量とそれを生産した母貝の右側の貝殻重量の関係を調べた研究では，両者の相関係数は $r = 0.45$（$P < 0.01$）であった[12]．また，選抜育種実験によりア

コヤガイの貝殻重量の遺伝性は高いことが明らかにされている[7].

母貝の貝殻真珠層の増加量や真珠の巻きには量的な個体変異があることから,真珠物質分泌能力に個体差があると考えられる.そこで,筆者らは真珠の巻きの厚さを指標として母貝の選抜育種による巻きの改良効果について検討した[13,14].

### 1) 巻きの評価法

アコヤガイの外観からは真珠の巻きは評価できない.そこで筆者らは,大きさを厳密にそろえた真珠核をアコヤガイに挿入し,真珠の採取時に麻酔して生かした状態の貝から真珠を取り出して直径を計測することで,個体ごとの巻きを評価した.この方法では,真珠の取り出し作業に伴い貝が衰弱する可能性があるが,真珠層の厚さを正確に評価でき,厚巻き真珠を生産した貝を確実に選抜できるというメリットがある.

もう一つの方法として,X線検査装置を用いた選抜がある.この方法では,アコヤガイから真珠を取り出す必要はなく,X線検査装置から得られる透視画像をもとに,専用のソフトウェアにより真珠直径を自動的に計測する.ただし,X線画像では真珠層とそれ以外の有機質などを区別できないため,真珠層の厚さを正確に計測できない.そのため,X線検査によって一次選抜した貝を用いて人工交配する際には,真珠を取り出して実際にその状態を目視で確認し,真珠層真珠を生産した個体のみを親貝として用いる必要がある.

### 2) 選抜育種による改良効果

アコヤガイの真珠物質分泌能力の改良効果を検討するため,まず基礎集団から生産された真珠の巻きを測定し,巻きの厚い個体の子孫である厚巻き系統と,巻きの薄い個体の子孫である薄巻き系統を作出した.真珠物質分泌能力は,遺伝のほかに環境や養殖管理の影響を受けると考えられるので,この両系統を同一環境と管理方法で育成し,できるだけ同じ条件で母貝に用いて生産した真珠の巻きを比較して,選抜育種の有効性を検討した.

その結果,第1世代集団では厚巻き系統貝から生産された真珠は,薄巻き系統貝および市販の母貝から生産された真珠に比べて有意に巻きが厚いと評価された(生産者7名)[13].また第1世代集団から同様に親貝を選抜して作出した第2世代集団を用いた試験(同3名)でも同様の結果が得られた(二元配置分散分析,$P < 0.05$)[14].これらのことから,生産真珠の巻きの厚さを指標とした個体選抜

は厚巻き真珠を生産するアコヤガイの作出に有効であることが明らかとなった（図2・2）.

さらに，第1および第2世代集団とも，厚巻き系統の生残率は薄巻き系統より高いという結果が得られた（図2・3）．真珠の巻きが厚かったことの背景としては，養殖期間を通して母貝の健康状態が良好に維持されて活発な代謝が行われたことを示したものと解釈でき，真珠の巻きは貝の総合的な健康状態の指標に

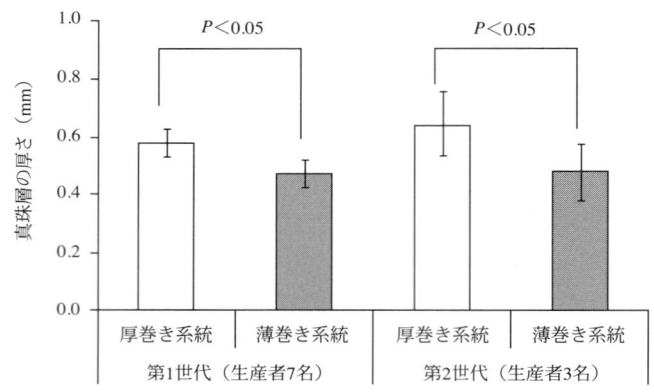

図2・2　真珠層厚巻き系統と薄巻き系統アコヤガイの生産した真珠の巻きの比較
　　　　値は平均±標準偏差.

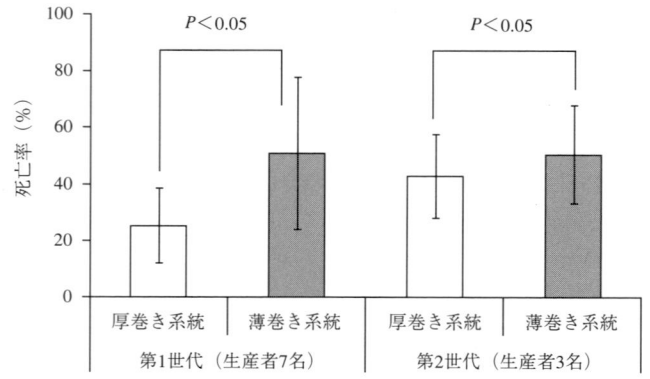

図2・3　真珠層厚巻き系統と薄巻き系統アコヤガイの死亡率の比較
　　　　値は平均±標準偏差.

もなると考えられた.

## §2. アコヤガイの生理状態の改良
### 2・1 アコヤガイの生理的形質

真珠はアコヤガイ（母貝）の体内で育まれるものであり，貝の健康状態が真珠の品質を左右することはいうまでもない．真珠の生産性に及ぼすアコヤガイの生理状態の影響についてとくに問題となるのが，高水温期における衰弱である．アコヤガイの代謝レベルは水温とともに上昇し，エネルギー必要量は増加する．こうした状況下で餌料となる植物プランクトンが不足すると，貝に蓄積されたエネルギーが消費され，それが長期化すると衰弱に至る．衰弱した貝では死亡率が高くなるほか，真珠の成長が停滞することも確認されている[10, 15, 16]．したがって，高水温期に衰弱することなく良好な生理状態を維持するようなアコヤガイの作出は重要な課題である．

二枚貝の生理状態を評価する方法や指標はいろいろあり，アコヤガイでこれまで利用されてきたものには，軟体部および閉殻筋の重量，栄養成分，血清成分，酵素活性，肥満度（身入度），ろ水量（摂餌率），殻体の開閉運動などが挙げられる[17-21]．これらの生理的形質は，測定の容易性，迅速性，継続性の面で難があるほか，貝を生かした状態で測定できない指標が多い．そのため，養殖現場におけるアコヤガイの日常的な管理や育種の指標としてあまり利用されていないのが現状である．

### 2・2 アコヤガイの閉殻力

筆者らは，アコヤガイの新たな生理的形質として，貝殻を閉じた状態から一定の幅を開殻させるのに必要な力を「閉殻力」として定義し，その計測方法を開発した[22]．閉殻力は，いいかえれば閉殻筋により貝殻を閉じる力の強さであり，キャッチ収縮状態にある二枚貝の平滑筋の張力に相当する．

閉殻力の計測装置として，挿核施術時に広く使用されている開口器と市販の荷重計を組み合わせた装置を開発した[23]．本装置は，荷重計を計測スタンドに固定し，荷重計を押し下げることで開口器を一定の幅で開くように設定したものである（図2・4）．

閉殻力の計測の手順としては，アコヤガイを海水中から取り上げた後，まず

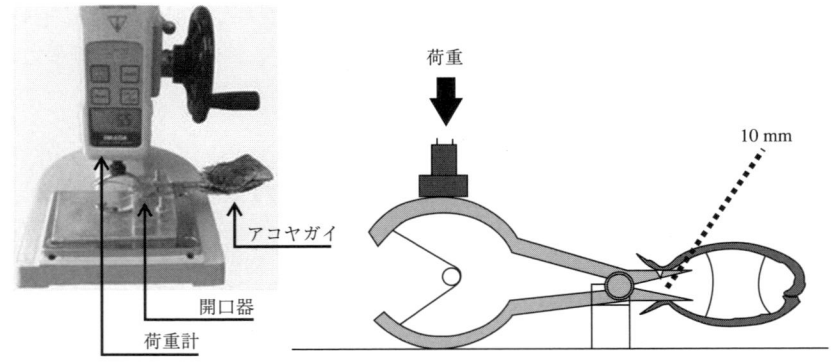

図 2・4　アコヤガイ閉殻力計測装置の概要

淡水中に 10 分間程度浸漬して貝を完全に閉殻させる．その後，淡水中から貝を取り上げ，開口器を差し込んで所定の位置に置き，開口器に荷重を加えて閉殻筋が破断しない程度の一定幅を開殻させ，そのときの荷重値を閉殻力とする（単位は重量 kg = kgf）．開殻させる幅については，測定する貝のサイズに応じてあらかじめ装置を設定する必要がある．

こうした手順により閉殻力を計測するのに要する時間は，1 個体当たり 30 秒程度であり，処理能力は 1 時間当たり 100 個体以上である．また閉殻力の計測には，消耗品類は不要であるので，低コストである．

### 2・3　閉殻力と死亡率および各形質との関係

アコヤガイにおける閉殻力の特性を把握するため，閉殻力と高水温期の死亡率，生理・栄養状態，および真珠分泌能力との関係を調査した[23]．

人工生産された 1 ロットのアコヤガイ（28 ヶ月齢）の閉殻力を測定し，以下の 5 つの区に分けた：1.0 〜 1.9 kgf，2.0 〜 2.9 kgf，3.0 〜 3.9 kgf，4.0 〜 4.9 kgf，5.0 〜 5.9kgf．これらを同一条件で養殖し，7 月 12 日および 8 月 12 日からそれぞれ約 1 ヶ月間の死亡率を比較した．その結果，両期間とも閉殻力の低い区ほど死亡率が高くなる傾向がみられ，各区の死亡率には有意差（カイ二乗検定，$P < 0.01$）が認められた（図 2・5）[23]．

次に高水温期である 9 月にアコヤガイ（18 ヶ月齢）の閉殻力と貝殻・軟体部の諸形質との関係を調べた．その結果，閉殻力が強い区ほど軟体部・閉殻筋・貝

殻の重量や，肥満度，グリコーゲン量の値が大きくなり，貝の栄養・生理状態と明確な相関性が認められた（図 2・6）[23]．一方，貝殻の形態を示す殻長，殻高，殻幅との相関性は低かった．また，母貝の閉殻力と真珠の巻きとの関係では，閉殻力の強い方が，巻きが厚いという結果が得られた[24]．このことから，閉殻力は真珠分泌能力を示す指標としても利用できると考えられた．

通常，栄養状態が悪化したアコヤガイは体力が低下するとともに，抵抗力が

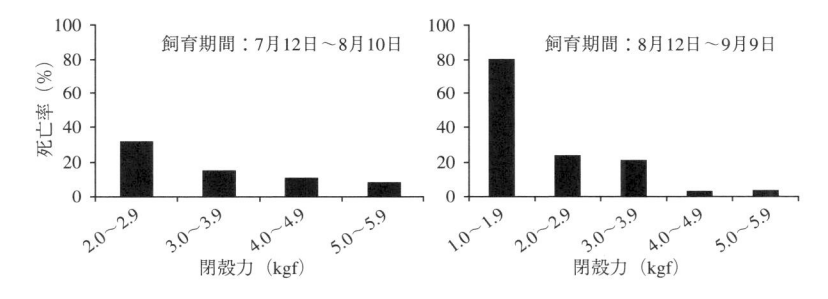

図 2・5 閉殻力の異なるアコヤガイの死亡率
文献 23) から改変して引用．

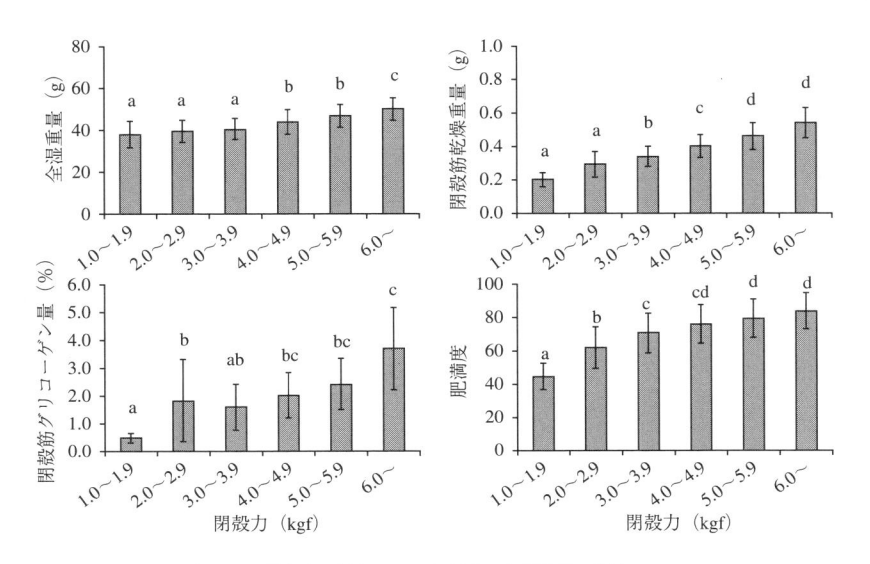

図 2・6 閉殻力の異なるアコヤガイの生理状態の比較
値は平均±標準偏差．文献 23) から改変して引用．

弱くなっているため，漁場環境の変動によるストレスによって死亡しやすいと考えられる[15, 16]．前述した，閉殻力の強いアコヤガイほど高水温期における死亡率が低くなるという関係は，こうした貝の栄養状態の違いが要因となっていると考えられる．

### 2・4 閉殻力の遺伝性

育種によるアコヤガイの閉殻力の強化の可能性について検討するため，基礎集団（18ヶ月齢）から閉殻力の強群（5.0 kgf 以上），弱群（4.0 kgf 未満）およびランダム選抜群（対照群）を選抜し，これらを親貝に用いて第1世代集団を作出した．その後，各群の第1世代集団を育成し，それぞれの閉殻力を比較するとともに遺伝率を推定した[25]．

その結果，第1世代集団の強群，弱群，対照群の閉殻力は，それぞれ 4.4 kgf，3.6 kgf，4.3 kgf で，これらの値は親の閉殻力の傾向と同様であった（表2・1）．また閉殻力を3群間で比較すると，強群と弱群との間では有意差がみられた（Scheffe の多重比較，$P < 0.05$）．

この試験で推定された閉殻力の遺伝率は $h^2 = 0.29$ で，閉殻力が個体選抜による改良効果のある形質であると評価された．したがって，本結果から閉殻力は遺伝形質であり，選抜育種によって閉殻力の強化が可能と考えられた．

表2・1　閉殻力強群，弱群，ランダム群における親貝と第1世代集団の閉殻力および全湿重量の関係 文献 25) から改変して引用．

（平均±標準偏差）

| | 親貝[*1] | | | 第1世代集団[*1] | | | | |
|---|---|---|---|---|---|---|---|---|
| | 個体数 | 閉殻力 (kgf) | 全湿重量 (g) | 個体数 | 閉殻力 (kgf) | 検定[*2] | 全湿重量 (g) | 検定[*2] |
| 閉殻力 強群 | 14(♀7, ♂7) | 5.7 ± 0.5 | 55.3 ± 2.2 | 236 | 4.4 ± 1.31 | a | 30 ± 7.84 | ab |
| 閉殻力 弱群 | 14(♀7, ♂7) | 2.9 ± 0.7 | 55.2 ± 3.01 | 248 | 3.6 ± 1.17 | b | 28.8 ± 7.94 | a |
| ランダム群 | 40(♀20, ♂20) | 3.9 ± 0.64 | 52.5 ± 5.88 | 100 | 4.3 ± 1.32 | a | 32.3 ± 6.89 | b |

[*1] 親貝，第1世代集団とも 18 ヶ月齢．
[*2] Scheffe の多重比較法　($P < 0.05$)．

## §3. 低塩分海水を用いた養生

### 3・1 シミ・キズは真珠品質低下の最大の要因

冒頭部で述べたように，アコヤガイから収穫（浜揚げ）された真珠の品質には大きな差があり，等級でみると高品質の1級品に比べて品質の劣る2級品や商品価値のない真珠の生産割合が高く，全体の70％程度を占める．1級品と2級品の真珠を比べた場合，品質差の最も大きな要因となっているのがシミ・キズの有無である．シミとは真珠層以外の有機質や稜柱層の異質層が含まれて青色やグレーを呈している部位のことであり，キズとは真珠表面にできた突起や窪みをいう．

真珠のシミ・キズの主な成因は，真珠の形成初期に真珠核と真珠層の間に形成された有機物質である．その形成メカニズムとして，挿核してから外套膜上皮細胞が真珠袋を形成する際に血球や生殖細胞などの異物が内包されたり，何らかの原因で炎症を起こした上皮細胞が分泌した有機物質に由来することが示されている．また，真珠の浜揚げまでの様々な養殖環境や管理の影響でも真珠表面にシミやキズができることが指摘されている[26,27]．

とくに真珠形成初期に形成されるシミ・キズについては，挿核に伴うアコヤガイの生理的な反応が関係しており，挿核時の貝の生理状態を調整することで，それらの形成を低減させて真珠の品質を改善することが可能となる[27]．挿核施術前に行う「仕立て」の工程では，専用の飼育篭を用いてアコヤガイの生理活動を人為的に制限し，代謝レベルを低下させる．この仕立て飼育は，異物としての生殖細胞の発達や，挿核施術による極めて大きい刺激（侵襲）に対する生体内の過剰な反応を抑制し，シミ・キズを低減させる効果をもつ可能性が示されている[28]．

また，施術後の「養生」の工程も過剰な反応を抑え，創傷部分の治癒，体力の回復を徐々に図るための過程であり，生理的抑制を継続するため目合の小さい専用の篭を用いて波の穏やかな漁場で飼育する．養生期間は，外套膜上皮細胞が増殖して真珠袋を形成する過程にもあたるため，その間の有機物質の分泌に関係する反応を抑制することがシミ・キズの形成を抑えるのに重要であると考えられる[29]．

### 3・2 低塩分海水養生の効果

筆者らは，真珠のシミ・キズが形成されやすい時期である挿核施術後のアコヤガイの飼育環境を変えることによって，貝の生理状態が調整されてシミ・キズを少なくすることが可能になるという作業仮説を設定した．そこで，養生期間における塩分（比重）の低下調整によるシミ・キズの抑制効果について検討した．なお，養生期間の飼育海水を低塩分に調整して維持するには水槽が必要となる．

低塩分海水（24.6～27.2 psu）と通常海水（32.4～35.0 psu）で挿核直後のアコヤガイを10～14日養生した5例の試験の結果，浜揚げされた真珠に占めるシミ・キズのない真珠の割合（無キズ真珠率）は，低塩分海水区では54%，通常海水区では27%と前者の方が高かった（図2・7）[30]．低塩分海水区では，挿核数に対する養生期間中における貝の死亡数と脱核数を減じた数の割合である歩留まりも通常海水区より高く，挿核数に対する無キズ真珠の生産率は通常海水区の約2.8倍であった[31]．

また，低塩分海水養生による効果を養殖現場で実証するため，真珠養殖業者10名による低塩分海水養生（塩分25 psu）と現行の海上養生（真珠養殖漁場）の成績を比較した[32]．その結果，10名中9名で無キズ真珠率は低塩分海水養生区の方が高く，両区の間には有意差が認められた（二元配置分散分析，$P<0.01$）．とくにそのうち6名では低塩分海水養生区の無キズ真珠率が海上区の4.5倍以上であった．これらの結果から，低塩分海水養生には，現行の海上養生と比べて，無キズ真珠率を顕著に向上させる効果のあることが明らかとなった．

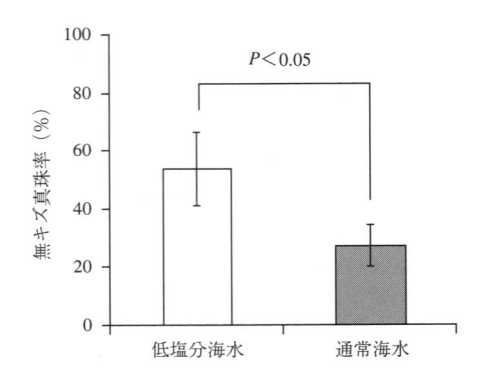

図2・7 低塩分海水と通常海水で養生したアコヤガイにおける無キズ真珠率
値は平均±標準偏差．文献30）から改変して引用．

### 3・3 現場への普及に向けた技術改良

低塩分海水による養生技術を養殖現場に普及するためには,技術の効率化を図る必要がある.その一環として,筆者らは低塩分海水による養生期間 10 〜 14 日の短縮化の可能性について検討した[33].水槽への収容期間が異なる3試験区(低塩分 4,8,14 日区;塩分 25 psu)と海上養生区(海上区)を設定し,養生終了後に同じ漁場で飼育して無キズ真珠率と真珠直径を比較した.その結果,無キズ真珠率は低塩分 8 日区が最も高く,次いで 14 日区,4 日区,海上区の順であった.真珠直径に関しては,14 日区が最も小さく,他の試験区との間で有意差が認められた(Tukey の HSD 検定,$P < 0.01$).他の3試験区には有意差は認められなかった.これらの結果から,低塩分海水によって巻きの厚い無キズ真珠を最も効率的に生産できる養生期間は 8 日であり,従来の期間より短縮できることが明らかとなった.

## §4. 今後の展望と課題

本稿で述べた育種技術については,これまでに種苗生産機関に移転され,優良貝の大量生産に活用されている.改良されたピース貝を養殖現場で使用することで,低品質な黄色あるいはクリーム色の色調を示す真珠は,現在ほとんどみられない.アコヤガイの生残率についても,閉殻力育種で生産された貝は疾病に対する耐性が優れ,被害の減少に寄与している[34].このように,育種によるアコヤガイの改良技術は,真珠の生産性の向上に大きく貢献している.一方で,生産された種苗の改良形質をより安定なものとするための系統保存や近交弱勢を避ける交配方法に関する知見は不十分である.これまで系統保存の技術として,アコヤガイ精子の効率的な凍結保存方法が明らかにされているが[35,36],有害赤潮などによる優良系統の喪失に備えた危険分散としての活用にとどまっている.今後は,こうした技術も活用しながら,保存系統の遺伝的多様性を維持する技術を構築し,種苗生産現場で管理できる優良貝の安定生産システムを確立することが望まれる.

低塩分海水による養生技術については,現在は養殖現場への普及を促進するステージである.本技術は真珠養殖の工程の一部を水槽で行う,これまでの真珠養殖法になかった新たな技術である.そのため,水槽でのアコヤガイの飼育に関

する基本的な技術を体系的にマニュアル化するとともに，真珠養殖業者の理解を深める取り組みを進めることが重要である．それと同時に，養殖現場に導入しやすく収益増加に見合うコストで設置できる水槽飼育システムやより効率的な養生方法の開発が望まれる．

本稿を取りまとめるにあたり有益なご助言を賜った，独立行政法人水産総合研究センターの正岡哲治主任研究員，元水産庁養殖研究所の和田克彦博士に厚く御礼申し上げる．

## 文献

1) 黒川忠英, 鈴木 徹, 岡内正典, 三輪 理, 永井清仁, 中村弘二, 本城凡夫, 中島員洋, 芦田勝朗, 船越将二. 外套膜片移植および同居飼育によるアコヤガイ Pinctada fucata martensii の閉殻筋の赤変化を伴う疾病の人為的感染. 日水誌 1999; 65: 241-251.

2) 森実庸男, 滝本真一, 西川 智, 松山紀彦, 蝶野一徳, 植村作治郎, 藤田慶之, 山下浩史, 川上秀昌, 小泉喜嗣, 内村祐之, 市川 衛. 愛媛県宇和海における軟体部の赤変化を伴うアコヤガイの大量へい死. 魚病研究 2001; 36: 207-216.

3) 松山幸彦, 永井清仁, 水口忠久, 藤原正嗣, 石村美佐, 山口峰生, 内田卓志, 本城凡夫. 1992 年に英虞湾において発生した Heterocapsa sp. 赤潮発生期の環境特性とアコヤガイ艶死の特徴について. 日水誌 1995; 61: 35-41.

4) 和田浩爾. 真珠形成機構の生鉱物学的研究. 国立真珠研報 1962; 8: 948-1059.

5) 赤松 蔚. 真珠の品質. 「カルチャード・パール」真珠新聞社. 2003; 105-125.

6) 和田浩爾. 黄色真珠の生成に関する実験生物学的研究. 国立真珠研報 1969; 14: 1765-1820.

7) 和田克彦. アコヤガイ Pinctada fucata の改良に関する研究. 養殖研報 1984; 9: 79-157.

8) 林 政博. アコヤガイの殻体真珠層色の改良について. 全真連技術研究会報 1999; 14: 1-13.

9) 西川久代, 青木秀夫, 渥美貴史. 希少な真珠の生産技術の開発に関する研究. 平成 21 年度三重県水産研究所事業報告, 三重県水産研究所. 2010; 1-3.

10) 和田浩爾. 真珠養殖過程中におけるアコヤガイの生活活動の変化が真珠形成に及ぼす影響Ⅰ 衰弱した貝での真珠形成. 国立真珠研報 1959; 5: 381-394.

11) 和田浩爾. 真珠袋の Ca 代謝機構と真珠の品質形成. 国立真珠研報 1972; 16: 1949-2027.

12) Wada KT, Komaru A. Color and weight of pearls produced by grafting the mantle tissue from a selected population for white shell color of the Japanese pearl oyster *Pinctada fucata martensii* (Dunker). *Aquaculture* 1996; 142: 25-32.

13) 林 政博, 青木秀夫. アコヤガイ母貝の選抜育種による巻き（真珠の厚さ）の改良について. 全真連技術研究会報 2001; 15: 1-7.

14) 林 政博, 青木秀夫. アコヤガイ母貝の選抜育種による真珠の巻きの改良について－Ⅱ. 全真連技術研究会報 2004; 18: 27-

15) 船越将二. 養殖中に発生したアコヤガイの衰弱およびへい死事例と血清蛋白質量. 全真連技術研究会報 1987; 3: 45-48.
16) 関 政夫. 養殖環境におけるアコヤガイ, *Pinctada fucata*, の成長および真珠品質に影響を及ぼす自然要因に関する研究. 三重水産試験場研報 1972; 1: 32-149.
17) 四宮陽一, 岩永俊介, 河野啓介, 山口知也. 養殖アコヤガイの糖代謝酵素活性および体成分の季節変化. 日水誌 1999; 65: 294-299.
18) 四宮陽一, 岩永俊介, 山口知也, 河野啓介, 内村祐之. アコヤガイの秋期のへい死とグリコーゲン含量および糖代謝酵素活性との関連性. 水産増殖 1997; 45: 47-53.
19) 船越将二. アコヤガイ血清蛋白質量の季節変化. 全真連技術研究会報 1986; 2: 47-51.
20) 宮内徹夫. アコヤガイ濾過水量Ⅱ. 濾過水量におよぼす水温と比重の影響. 水産増殖 1962; 10: 7-13.
21) 宮内徹夫. アコヤガイの活力判定法に関する研究. 真珠技術研究会報 1970; 68: 1-221.
22) 古丸 明, 富永ちひろ, 林 政博. アコヤガイの閉殻力の測定方法およびそれを用いたアコヤガイの養殖管理方法. 特許第4793917号, 2011.
23) 岡本ちひろ, 古丸 明, 林 政博, 磯和 潔. アコヤガイ *Pinctada fucata martensii* の閉殻力とへい死率および各部重量との関連. 水産増殖 2006; 54: 293-299.
24) Aoki H, Tanaka S. Atsumi T. Abe H, Fujiwara T, Kamiya N, Komaru A. Correlation between nacre-deposition ability and shell-closing strength in Japanese pearl oyster *Pinctada fucata*. *Aquaculture Science* 2012; 60: 451-458.
25) 石川 卓, 岡本ちひろ, 林 政博, 青木秀夫, 磯和 潔, 古丸 明. 日本産アコヤガイ *Pinctada fucata martensii* における閉殻力の遺伝. 水産増殖 2006; 57: 77-82.
26) 青木 駿. 異常真珠の出現防止に関する研究. 真珠技術研究会報 1966; 53: 1-204.
27) 和田浩爾, 鈴木 徹, 船越将二. しみ・黒珠・有機質真珠の形成と真珠袋の異常分泌. 全真連技術研究会報 1988; 4: 21-32.
28) 植本東彦. アコヤガイのそう核手術に関する生理学的研究Ⅰ-Ⅲ. 国立真珠研報 1961; 6: 619-635.
29) 植本東彦. アコヤガイの挿核手術に関する生理学的研究Ⅳ. 国立真珠研報 1962; 8: 896-903.
30) 林 政博. 仕立て・養生期間中の飼育海水比重が歩留まりと真珠品質に与える影響-Ⅱ. 全真連技術研究会報 2008; 22: 1-8.
31) 林 政博, 青木秀夫. 挿核施術をした真珠貝の養生方法及びその養生装置. 特許第4599494号, 2010.
32) 渥美貴史, 石川 卓, 井上誠章, 石橋 亮, 青木秀夫, 西川久代, 神谷直明, 古丸 明. 低塩分海水養生によるキズ・シミの無い真珠の生産率向上効果. 日水誌 2011; 77: 68-74.
33) 渥美貴史, 青木秀夫, 田中真二, 古丸 明. 低塩分海水養生期間と真珠のキズ・シミ, 巻きとの関係. 日水誌 2014; 80: 印刷中.
34) 小田原和史, 山下浩史, 曽根謙一, 青木秀夫, 森 京子, 岩永俊介, 中易千早, 伊東尚史, 栗田 潤, 飯田貴次. 天然アコヤガイを用いたアコヤガイ赤変病の病勢調査. 魚病研究 2011; 46: 101-107.
35) Kawamoto T, Narita T, Isowa K, Aoki H, Hayashi M, Komaru A, Ohta H. Effects of cryopreservation methods on post-thaw motility of spermatozoa from the Japanese pearl oyster, *Pinctada fucata martensii*. *Cryobiology* 2007; 54: 19-26.
36) 青木秀夫, 古丸 明, 成田光好, 磯和 潔, 林 政博, 川元貴由, 津田悠也, 太田博巳. アコヤガイ精子の大量凍結保存方法の検討. 日水誌 2007; 73: 1049-1056.

# 3章　真珠養殖の生産性向上に関する取り組み

岩永俊介*

　真珠養殖は御木本らにより真珠（真円真珠）の生産方法が発明されて以来，三重県，愛媛県，長崎県などの西日本各地の沿岸域で盛んに行われてきた．真珠養殖業は稚貝の飼育から真珠の収穫までの一連の工程で多くの労力を必要とするため，半島や離島などでは地域経済を支える雇用創出の場として重要な役割を担っている．このように真珠養殖業は重要な産業であるが，1996年から閉殻筋の赤変化を特徴とするアコヤガイ赤変病[1]が発生し，養殖貝（在来系アコヤガイ）のへい死が著しく増加した．その対策として，南方系と在来系アコヤガイを交配した交雑貝が導入されたが，高品質真珠の出現率が低く問題となっている．さらに1991年のいわゆるバブル経済の崩壊から続く景気低迷や南洋・淡水真珠の生産量増大が影響して，アコヤガイ真珠の需要とともに入札会の販売単価は著しく減少している[2]．このような状況のため，国内の真珠養殖業の経営は非常に厳しい状態にあり，規模の縮小や廃業などを迫られている．

　そのため，関係する各県の研究機関などでは真珠養殖業の経営改善に役立つ技術開発に取り組んでいる．ここでは長崎県が取り組んだ技術開発について紹介する．

## §1. 主な技術開発

　真珠養殖業の経営改善を図るためには，養殖貝の生残率の向上などを図って効率的に生産量を増大させることで生産コストを削減する技術と，大きさ，色彩，巻きなどの真珠の品質を高め販売単価を向上させる技術が必要である．これらの技術開発が必要な項目について，これまでの取り組み状況を図3・1に示す．技術をピラミッドのように一つ一つ積み上げることで，より品質の高い真珠が効率的に生産される．以下に，開発した主な技術についてその概要を述べる．

---

*　長崎県総合水産試験場

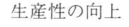

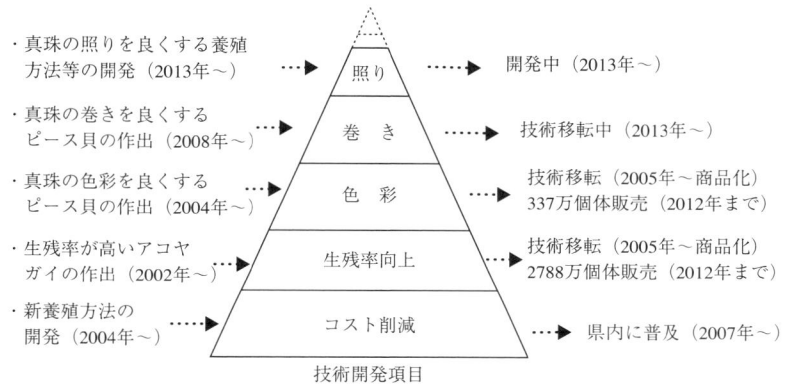

図3・1 真珠養殖業を支える技術体系

## §2. 新しい養殖方法の開発（コスト削減）

　長崎県内の養殖業者の中には従来の在来系アコヤガイを用い，真珠層の巻きが厚く品質が高い越物真珠（施術して約1年半後に採取する真珠）の生産を強く望む声がある．しかし，2歳貝に施術する従来の越物真珠の生産方法では，施術後の養殖期間が長くなるほど施術貝のへい死率が著しく高くなるとともに真珠の品質が低下して[3]採算がとれず，養殖することが難しいのが現状である．

　そこで，施術貝の生残率や真珠の品質を高めるため，6月施術時の貝として従来の2歳貝に比べ1年若い1歳貝を用いた越物真珠の生産試験と，同時に現在広く行われている2歳貝による当年物真珠（施術して7〜9ヶ月後に採取する真珠）の生産試験を行い，従来の2歳貝による越物真珠の生産とその生産性および採算性について比較した．

　試験では在来系アコヤガイを用い，越物真珠の生産試験では6月に1歳貝（1歳区）と2歳貝（2歳区1）のそれぞれに6.66 mmおよび7.27 mmの核を施術した．当年物真珠の生産試験では1歳区と同じ生産群の貝（施術していない貝）に2歳貝となった翌年6月に7.42 mmの核を施術した（2歳区2）．

　全区で毎年秋に赤変病の発症とともにへい死がみられた．生残率は1歳区が2歳区1と2に比べて高く，真珠の収穫数も多かった．真珠の品質では1歳区の真

表 3・1　各試験区から生産された真珠の品質と生産額
文献 4) より改変して引用.

|  | 1 歳区 | 2 歳区 1 | 2 歳区 2 |
| --- | --- | --- | --- |
| 生産された真珠（個） | 2523[*] | 1524 | 2134 |
| 真珠径（mm） | 7.77 ± 0.08（SE） | 7.96 ± 0.03（SE） | 7.93 ± 0.03（SE） |
| 商品真珠（個） | 1897（75.2%）[a*] | 873（57.3%） | 1264（59.2%） |
| 無キズ真珠（個） | 1055（55.6%）[b*] | 378（43.3%） | 530（41.9%） |
| キズ真珠（個） | 842（44.4%）[b*] | 495（56.7%） | 734（58.1%） |
| 生産額（円） | 948641 | 367182 | 494020 |

[a]：生産された真珠の個数に対する割合.
[b]：商品真珠の個数に対する割合.
[*]：危険率 5%以下の有意差を示す.

珠層の巻きが厚く，商品率や無キズ真珠の出現率も 2 歳区 1 と 2 に比べて高く，7 mm および 8 mm 真珠の単価は 1.33 〜 3.38 倍高かった．そのため，1 歳区の生産額は 2 歳区 1 と 2 と比較し，それぞれ 2.58 倍と 1.92 倍高い値を示した（表 3・1）．

これらのことから，在来系アコヤガイによる越物真珠を生産するために，6 月の施術時期に 1 歳貝を用いる生産方法は，小さい核を挿核するものの，従来の 2 歳貝を用いた生産方法より，生産期間中の生残率や商品真珠の出現率が高くなり，無キズで厚巻きの真珠の収穫数も増加することがわかった．さらに，生産額においても，従来の方法や現在主に行われている 2 歳貝に大きい核を挿核して短期間で単価が高い大珠真珠を生産する方法を上回り，養殖期間を 1 年間短縮できることから，真珠養殖の採算性を高めることも明らかになった[4]．

## §3. 生残率が高いアコヤガイの作出

長崎県の民間種苗生産機関では生残率が高い在来系アコヤガイ（家系）を生産するため，県内外の海域から親貝を採集して高生残の家系を選抜して継代飼育している．しかし，その大部分の機関で行われている親貝の選抜方法は，まず貝殻の形状が良いものを経験的に選び，さらに採卵時に成熟の進行状態が良い個体を選ぶだけである．そのため，科学的指標にもとづく選抜方法により生残率が高い種苗を作出することを目的に，アコヤガイを殺さず生理状態を把握でき，比較的簡単に短時間で測定できる血清タンパク質含量[5]に着目して，その選抜指標としての有効性を検討した．

## 3・1 血清タンパク質含量の高・低含量群から生産した種苗の性状比較試験

親貝選抜指標として血清タンパク質含量を測定し，その度数分布の高位10％に含まれる個体を高含量群とし，低位17～35％に含まれる個体を低含量群として（図3・2），それぞれの群の親貝を用いて種苗を生産し，その成長や生残率などを比較した．親貝は長崎県内で生産された在来系アコヤガイ（家系）を用いた．血清タンパク質含量と軟体部，閉殻筋，内臓部（生殖巣を含む）の重量，身入度（全重量に対する軟体部重量の割合），性成熟度（軟体部重量に対する内臓部重量の割合），閉殻筋グリコーゲン含量および閉殻筋 a 値[6]（赤変病の指標の1つで数値が大きいほど赤い）とのそれぞれの関係を調べたところ，閉殻筋 a 値と血清タンパク質含量との間には負の相関が，その他は血清タンパク質含量と正の相関が認められた．さらに，種苗生産では高含量群が低含量群より採卵数と受精率，種苗の成長率および生産数はいずれも勝った．

生産された種苗については施術前の1歳貝による育成試験と施術貝の飼育試験を行った結果，高含量群から生産された貝は低含量群のそれより，閉殻筋 a 値が低く，血清タンパク質含量，全重量および生残率は終始高い値を示し，採取された真珠の径は大きかった．

以上から，血清タンパク質含量を指標とした親貝選抜方法は，赤変病の発症を低減でき，優れた形質の種苗を生産する上で有効であると考えられた[7]．

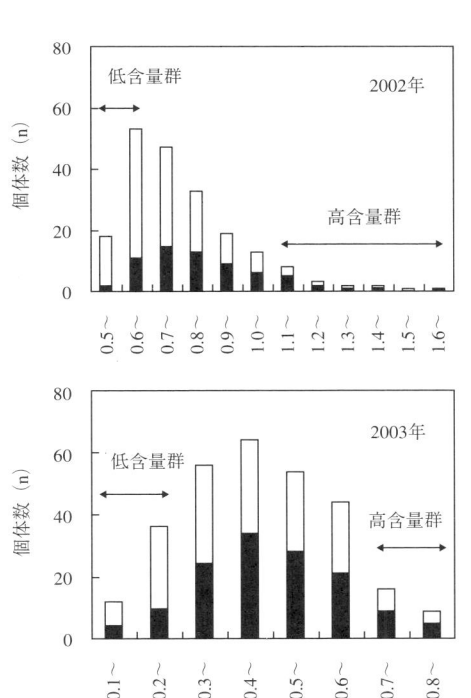

図3・2 親貝の血清タンパク質含量の分布（■：♀，□：♂）文献7）より改変して引用．

### 3・2 血清タンパク質含量による親貝選抜と従来の親貝選抜との比較試験

本選抜法を真珠養殖現場に普及するには，その導入効果を現場で実証する必要がある．そこで，民間種苗生産機関の在来系アコヤガイ（家系）を用いて，本選抜法を実用規模で真珠生産に導入し，民間で通常行われている選抜法（外部形態や性成熟の良否による選抜）で生産された貝と生残や真珠の品質について比較した．

供試した親貝は長崎県内の民間種苗生産機関の家系（1歳貝）で，種苗生産業者が殻の形状をもとに選抜した2000個体を用いた．これらを試験群と対照群に無作為に等分し，試験群については試験期間中の7ヶ月間に血清タンパク質含量を3回測定して，順次高い含量を示す個体を選抜した（図3・3）．一方，対照群は種苗生産業者が成熟の進行が良い個体を選抜した．なお，選抜終了時の血清タンパク質含量は試験群が対照群より高かった．

両群から生産された貝（試験区と対照区）は，試験区が対照区と比較して貝の育成と施術貝の各期間で，赤変病の発症は低く，生残，全重量，真珠径，血清タンパク質含量および身入度は勝っていた．

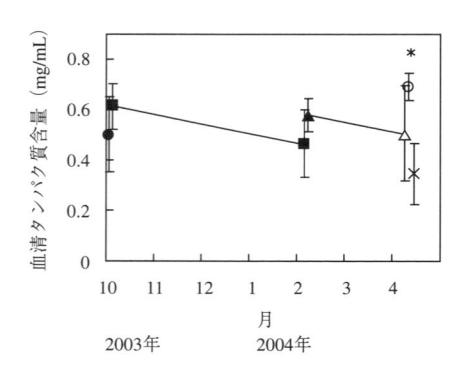

図3・3 親貝選抜に供した個体の血清タンパク質含量の推移
●：試験群の供試貝1000個体．■：第1回選抜の497個体．▲：第2回選抜の202個体．△：第2回選抜の成熟した128個体．○：試験区の親貝30個体．×：対照群の親貝30個体．各表示は平均値±標準偏差とし，＊：危険率5%以下の有意差を示す．文献16）より改変して引用．

終了時に採取された真珠の品質を表3・2に示す．真珠の個数は試験区が対照区より多かったが，商品真珠や無キズ真珠の出現率には差がなかった．また，試験区は対照区に比べて商品価値がホワイト色よりやや劣るクリーム色真珠の出現率が高かったため，7mmと8mm真珠の単価ではやや低かったが，真珠の巻きが厚く8mmと9mm真珠の生産数が多かったことから，生産額は1.12倍高かった．なお，同様の親貝選抜を県内の他民間種苗生産機関2社の家系を用いて行い，ほぼ同様の結果が確認された[8,9]．

表3・2 各区から生産された真珠の品質と生産額
文献16) より改変して引用.

|  | 試験区 | 対照区 |
| --- | --- | --- |
| 生産された真珠（個） | 890* | 828 |
| 商品真珠（個） | 466（52.4%）[a] | 493（53.0%） |
| 無キズ真珠（個） | 396（85.0%）[b] | 370（84.3%） |
| キズ真珠（個） | 70（15.0%）[b] | 69（15.7%） |
| 生産額（円） | 441479 | 392519 |

[a]：生産された真珠の個数に対する割合.
[b]：商品真珠の個数に対する割合.
*：危険率5%以下の有意差を示す.

　したがって，血清タンパク質含量を親貝選抜の指標に用いることは，優良な親貝を比較的簡単に選抜して生残率が高い種苗を作出し，真珠養殖の生産性が高まることがわかった．ただ，本選抜法の貝から生産された真珠は，単価がやや安いクリーム色の出現率が高いという課題が残った．この点については，施術時に黄色色素分泌量が少ない優良なピース貝[10-12]を用いて高品質な白色系の真珠の出現率を高めることで生産額がさらに増加する可能性がある．アコヤガイの血清タンパク質含量は年齢や季節，飼育環境などで異なるため[5, 13-15]，本試験の親貝選抜基準は，供試貝の中から種苗生産に必要な最低限の個体数を確保するために血清タンパク質含量の度数分布の上位3〜10%となった．そのため，供試貝数を増やし高含量の個体を多く選抜すれば，より生産性を高めることができると考えられる[16]．

## §4. 真珠の色彩を良くするピース貝の作出

　真珠の色彩は実体色と干渉色が複合的に現れるのが特徴である．実体色は黄色色素含量の多寡で黄色系と白色系の真珠に大きく分けられ[17]，白色系が評価は高い．和田[10]は殻体真珠層と真珠の黄色色素が同一成分であり，実体色は施術時に移植するアコヤガイ（ピース貝）から採取された外套膜小片（ピース）の黄色色素の分泌能に依存することを明らかにし，黄色色素含量が少ない貝を選抜することで，白色系真珠の出現率を増加させた．さらに，林[11]は色彩色差計を用いて外面の殻体真珠層の黄色度（b値）が低い個体を選抜して，それをピー

ス貝に用い白色系真珠の出現率を著しく高めた.

　干渉色はピンク系とグリーン系に分けられ[18],ピンク系の評価が高い.干渉色の違いは真珠の表面から30〜40μmまでの真珠層一枚の厚さに関係することが報告されている[18,19].これらのことから,干渉色についてもピース貝の色素分泌能や真珠層形成能などの形質に大きく依存する可能性が高いと考えられる[19,20].一方,養殖アコヤガイの中には,内面の殻体真珠層が干渉作用により赤色を呈している個体がみられ,その個体をピース貝に用いて生産された真珠の品質（干渉色）に興味がもたれた.しかし,ピース貝生産用親貝の選抜方法においては,黄色色素含量の実体色に関する報告は多くみられるが,干渉色に関する報告はない.

　そこで,色彩（干渉色）が良い真珠を生産するピース貝の親貝選抜法を開発する目的で内面の殻体真珠層の赤色に注目し,色彩色差計の赤色度（a値）を指標としてa値が赤色を示すプラス域と緑色を示すマイナス域の親貝を選抜して種苗を生産した.これら種苗は真珠層のa値を経時的に調査するとともに,ピースに用い真珠を生産して品質を比較した.

　種苗生産用親貝には,和田[10],林[11]にもとづき生産された個体を用いた.そして種苗生産では,貝を開殻し,まず和田[10]の方法にもとづき,殻体真珠層のb値（プラス域：黄色,マイナス域：青色）がマイナス域の個体を選抜した.次いで,その中から,殻体真珠層のa値がプラス域とマイナス域の個体を選抜して,それぞれをa（＋）群とa（－）群の親貝として種苗を生産した.

　生産された各種苗の貝殻内面の殻体真珠層調査では,b値には2群で差がなく,終了時にはマイナス域にあった.一方,a値についてはa（＋）群がa（－）群より終始高く,開始時から終了時までほぼプラス域を示した.

　生産されたa（＋）群とa（－）群のピースを用いた真珠の生産比較試験は,長崎県内の2漁場で行った.その結果,生産された真珠の実体色はホワイト色とクリーム色の2色しかみられず,a（＋）群のホワイト色の出現率がa（－）群に比べて高かった.真珠の干渉色はa（＋）群のピンク系の出現率がa（－）群と比較して高かった（表3・3）.真珠単価については真珠商社（2社）に鑑定を依頼したところ,a（＋）群がa（－）群に比較して1.38倍〜1.52倍と高い値を示した.

表3・3 各群から生産された7mm真珠の干渉色
文献12) より改変して引用.

| 試験 | 群 | 個数 | ピンク系 | グリーン系 |
|---|---|---|---|---|
| 1 | a (+) | 115 | 81.7%* | 18.3%* |
|   | a (−) | 107 | 51.4% | 48.6% |
| 2 | a (+) | 281 | 90.0%* | 10.0%* |
|   | a (−) | 291 | 45.4% | 54.6% |

試験1, 2はそれぞれ対馬市および佐世保市で実施.
＊：危険率5％以下の有意差を示す.

 そのため，ピース貝を生産するための親貝選抜方法として，既存の知見[10,11]に加えて，殻体真珠層のa値がプラス域の個体を選抜することで，a値が高い種苗を生産でき，高品質真珠の出現率を高めることができると考えられた[12].

## §5. これまでの取り組みの成果

 ここで紹介した生残率が高いアコヤガイと真珠の色彩を良くするピース貝の親貝選抜法や1歳貝に施術する越物真珠生産法（1歳貝越物真珠生産法）は，長崎県内の真珠養殖漁業協同組合を通じて真珠養殖業者に普及した．同時に，親貝選抜法は長崎県真珠養殖漁業協同組合の種苗センターなどの県内の民間種苗生産機関に技術移転した．その結果，種苗センターでは種苗生産時の受精率や採苗率が向上し，飼育期間も短縮できるなど，種苗生産の安定および効率化が図られ，高生残貝（在来系アコヤガイ，交雑貝など）やピース貝の数家系を商品化した．さらに，養殖現場では商品化されたピース貝を使って，交雑貝から生産された真珠の品質にも向上がみられている．このように，長崎県内の真珠養殖では，商品化された種苗と1歳貝越物真珠生産法の導入により，養殖貝の生残率や商品真珠の出現率が向上して真珠生産量が増加した．さらに，生産された真珠は全国真珠養殖漁業協同組合連合会主催の入札会や品評会で高い評価を受け，これまでに最高位の農林水産大臣賞を花珠部門（最高品質の真珠を競う）や浜揚げ珠部門（商品真珠の品質や出現率などを競う）で計5回受賞した.

 また，1歳貝越物真珠生産法は従来の2歳貝（施術期間：4～8月の5ヶ月間）ではへい死率の増加と養殖期間が短いために難しいとされていた9月以降の施術が可能となった．すなわち，1歳貝が小さいために施術できない5月までは従

表3・4　長崎県の真珠養殖業における施術時期と貝の年齢
文献16) より改変して引用.

| 月 | 1 2 3 4 5 6 7 8 9 10 11 12 | 1 2 3 4 5 6 7 8 9 10 11 12 |
|---|---|---|
| 貝年齢 | 1 | 2 |
| 新しい施術時期 | ——————————→ | —→ |
| 従来の施術時期 | | ——————————→ |

来の2歳貝に当年物真珠生産用として施術し(4～5月),6月以降はこれまで次年度の施術用に育成していた1歳貝に越物真珠生産用として施術することで(6～12月),貝の飼育数を増やすことなく真珠生産量の増大が可能である(表3・4).現在,長崎県内の大部分の真珠養殖業者はこの方法を導入し,その中には入札会での販売額が2年連続で2倍以上に増加した業者もあり,経営改善に貢献している[16].

このように,開発した技術の普及により長崎県では真珠養殖業の生産性の向上が進み,とくに商品真珠の出現率は赤変病発生以前と比較しても著しく高まっている.これまでの取り組みの成果については,目的とする技術を開発するにあたり,長崎県(行政)が中心となり,県内の真珠養殖漁業協同組合や総合水産試験場からなる協議会を設立し,各機関が基礎試験や実証試験などの役割を遂行したことが大きいと考える.しかし,入札会の販売単価は景気低迷などによる需要の低下に歯止めがかからず低迷している.そのため,長崎県では引き続き業界と連携して,真珠養殖業の生産性を高める技術開発を急ぐ必要があると考えている.

## 文　献

1) 黒川忠英, 鈴木 徹, 岡内正典, 三輪 理, 永井清仁, 中村弘二, 本城凡夫, 中島貴洋, 芦田勝朗, 船越将二. 外套膜片移植および同居飼育によるアコヤガイ *Pinctada fucata martensii* の閉殻筋の赤変化を伴う疾病の人為的感染. 日水誌 1999; 65: 241-251.

2) 平成23年度業務報告書. 長崎県真珠養殖漁業協同組合. 2012; 20.

3) 和田浩爾, 永井清仁, 田口美香. アコヤウイルス(仮称)の垂直感染および水平感染に関する試験－I. 全真連技術研究会報 1999; 14: 37-49.

4) 岩永俊介, 平井正史, 細川秀毅. 1才アコヤガイを用いた施術貝の生残率および真珠品質の向上. 水産増殖 2008; 56: 73-79.

5) 船越将二. アコヤガイの身入度低下に対する血清蛋白質量の診断指標的価値. 全真連技術研究会報 1987; 3: 37-43.

6) 森実康男, 滝本真一, 西川 智, 松山紀彦, 蝶野一徳, 植村作治郎, 藤田慶之, 山下

浩史，川上秀昌，小泉喜嗣，内村祐之，市川 衞．愛媛県宇和海における軟体部の赤変化を伴うアコヤガイの大量艶死．魚病研究 2001; 36: 207-216.
7) 岩永俊介，桑原浩一，細川秀毅．アコヤガイの血清タンパク質含量を指標とした優良親貝の選抜．水産増殖 2008; 56: 453-461.
8) 岩永俊介，大橋智志，桐山隆哉，藤井明彦，池田義弘．持続的真珠養殖生産確保緊急対策事業．平成 16 年度長崎県総合水産試験場事業報告，長崎県総合水産試験場．2005; 109-111.
9) 岩永俊介，大橋智志，桐山隆哉，藤井明彦，池田義弘．持続的真珠養殖生産確保緊急対策事業．平成 17 年度長崎県総合水産試験場事業報告，長崎県総合水産試験場．2006; 97-98.
10) 和田浩爾．黄色真珠の生成に関する実験生物学的研究．国立真珠研報 1969; 14: 1765-1820.
11) 林 政博．アコヤガイの殻体真珠層色の改良について．全真連技術研究会報 1999; 14: 1-14.
12) 岩永俊介，山田英二，川口 健，細川秀毅．アコヤガイ殻体真珠層の a 値を指標としたピース貝生産用親貝の選抜．水産増殖 2008; 56: 167-173.
13) 船越将二．血液によるアコヤガイ健康診断の試み 1. 研究のねらいと採血方法の検討．全真連技術研究会報 1985; 1: 23-27.
14) 船越将二．アコヤガイ血清蛋白質量の季節変化．全真連技術研究会報 1986; 2: 47-51.
15) 船越将二．アコヤガイ血清蛋白質量の年齢差および血清蛋白質量におよぼす低比重海水の影響．全真連技術研究会報 1987; 3: 49-51.
16) 岩永俊介．長崎県の真珠養殖業における生産性向上に関する研究．長崎水試研報 2012; 38: 19-80.
17) 沢田保夫．真珠の色調に関する研究．国立真珠研報 1962; 8: 913-919.
18) 小松 博．「真珠に現れる光の干渉現象「てり」の研究」真珠科学研究所．2006.
19) 和田浩爾．真珠形成機構の生鉱物学的研究．国立真珠研報 1962; 8: 948-1059.
20) 和田浩爾．真珠袋の Ca 代謝機構と真珠の品質形成．国立真珠研報 1972; 16: 1949-2027.

# 4章　外套膜外面上皮細胞の移植による真珠形成

淡路雅彦[*1]・柿沼　誠[*2]・永井清仁[*3]

　真珠は，貝の体内では真珠袋と呼ばれる一層の上皮細胞の袋に包まれている．真珠袋を作っているのは，本来ならば貝殻形成を担っているはずの，外套膜の外面上皮細胞である．この細胞が何らかの理由で体内に陥入し，閉じた袋を作ると体内にも貝殻を作り始め，それが真珠となる[1]．アコヤガイで真珠を養殖する際には，貝殻でできた真珠核と外套膜の小片（ピース）をアコヤガイの体内に移植する．するとピースに含まれる外面上皮細胞が真珠核を包む真珠袋を作り，真珠を形成する[2]．

　ピースは外套膜を小さく切ったものなので，外面上皮細胞以外に筋肉細胞，神経細胞などが含まれている．しかしそれらは移植後に死滅し，外面上皮細胞だけが生き残って真珠袋を作る[3]．ならばピースではなく外面上皮細胞を移植しても真珠ができるのではないか．もしそれが可能になれば，良質な真珠を作る細胞を育てて移植することも可能になるかもしれない．また，これまではピースと核の移植が難しく真珠を作ることができなかった貝類でも，美しい真珠を養殖できるかもしれない．

　われわれはこのような考えのもとで，外面上皮細胞を移植して真珠を生産する技術の検討を進めている．この章では，まず外面上皮細胞とはどのような細胞か，そして移植したピースから外面上皮細胞がどのように変化して真珠袋を作るのかを解説した後，外面上皮細胞移植による真珠生産の取り組み例を紹介する．（なお解剖学的，組織学的な名称は文献間で呼称が一致していない場合があるが，ここでは和田[4]に従った．）

[*1] 独立行政法人水産総合研究センター増養殖研究所
[*2] 三重大学大学院生物資源学研究科
[*3] 株式会社ミキモト真珠研究所

## §1. 外面上皮細胞とはどのような細胞か

アコヤガイの殻をあけると，殻の内面に外套膜が密着しているのが見える（図4・1a）．外套膜は周辺から中心に向けて三つの領域に区分されており，順番に膜縁部，縁膜部，中心部と呼ばれている（図4・1b）[4,5]．アコヤガイの外套膜の周縁は茶褐色，黄褐色，白色などで帯状に色づいており，外褶，中褶，内褶と呼ばれる3枚の襞がある[4-7]．この襞のある部分が膜縁部である．そして膜縁部よりも外套膜の中心寄りで，外套膜を放射状に走る外套筋の端が貝殻に付着しているところ（外套筋付着端）までの領域が縁膜部，そしてそれよりさらに中心の領域が中心部である．また最も背側で蝶番と面するところは外套峡と呼ばれる[4]．

これらのどの領域でも，外套膜の外側面，内側面は単層の上皮で覆われている．貝殻を作るのは貝殻に密着している外側の上皮で外面上皮と呼ばれる（図4・2）．外面上皮は三種類の細胞から構成され，そのうち最も比率が高いのが本章の主役となる外面上皮細胞である．そして粘液細胞，大顆粒細胞が上皮中に散在し，これらの細胞は外面上皮下の結合組織中にも観察される（図4・2）[5-7]．外套膜の

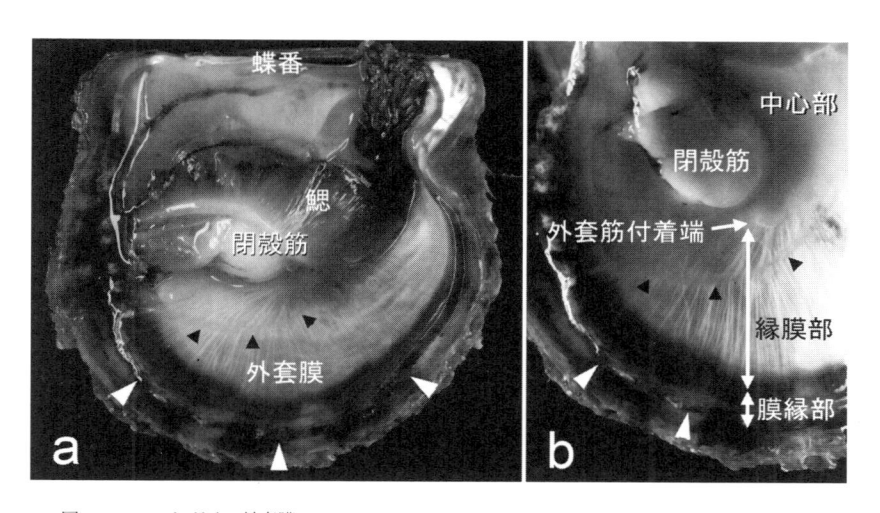

図4・1 アコヤガイの外套膜
殻をあけると貝殻内面に密着している外套膜が見える．a：右殻を除き，左殻内面が見えるようにした状態．右外套膜と右鰓，そして左鰓の後部を蝶番側へ上げ，左外套膜内面が見えるようにしてある．b：aから鰓，内臓塊を除き，外套膜膜縁部，縁膜部，中心部が見えるようにした状態．白矢じりは外套膜の縁を，黒矢じりは外套膜に左鰓が付着していた部分を示す．

両側面は単層の上皮で覆われるが，その中側にはコラーゲン繊維などを含む結合組織，外套筋などの筋肉組織や外套神経などの神経組織がある[4-6]．

一方，アコヤガイの貝殻の内面を見ると貝殻の縁の部分はくすんだ褐色や黒色であるのに対し，中心部は美しく輝いている．貝殻内表面の微細構造を顕微鏡で観察すると，褐色の部分には多角形に区切られた構造が見え，これは稜柱層と呼ばれる貝殻構造である．また輝いている部分には指紋のような条線が見え，これは真珠層と呼ばれる貝殻構造である（図4・3a）[8]．そしてこれらの構造の境界では，稜柱層の上に真珠層が形成され始めているのを見ることができる（図4・3b）[9]．

このような貝殻構造の違いに対応して，そこに接する外面上皮細胞の形態や機能が異なっている．例えば外面上皮細胞の背の高さ（基底から頂端までの長さ）は，稜柱層に面する膜縁部で高く，真珠層に面する縁膜部や中心部では低い[5-7]．また，近年急速に研究が進んでいる真珠層や稜柱層に含まれる貝殻基質タンパク質に関しては，それらの遺伝子発現は外面上皮細胞のみに限られており，膜

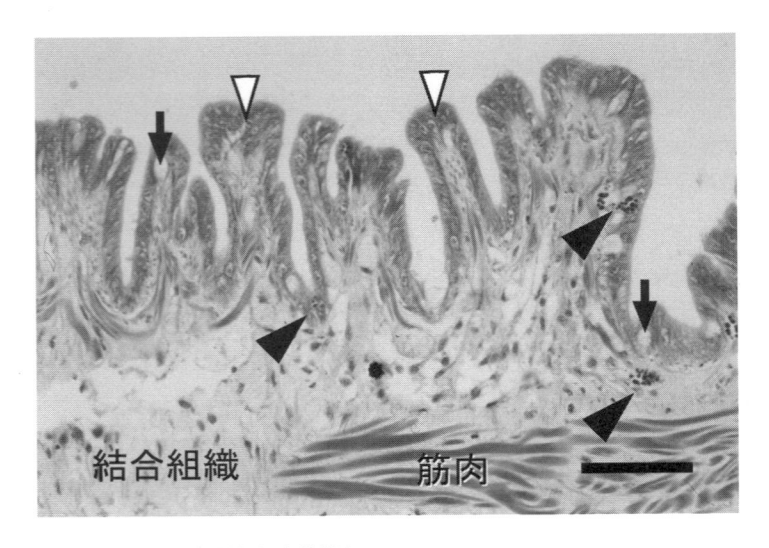

図4・2 アコヤガイ外套膜外面の組織構造
　　　　外套膜の外面は一層の外面上皮で覆われる．外面上皮は主に外面上皮細胞（白矢じり）
　　　　で構成され，大顆粒細胞（黒矢じり），粘液細胞（黒矢印）も観察される．外面上皮
　　　　下には結合組織，筋肉がある．スケール＝ 50μm．文献16) より改変して引用．

縁部と縁膜部では発現する遺伝子の種類が大きく異なっていることが明らかになっている[10-12]. さらに外面上皮細胞は貝殻に面する頂端側に微絨毛をもち貪食能をもつことが知られており, 縁膜部でその活性が高い[13]. また外面上皮細胞の一部は繊毛をもつことも知られている[14]. このように貝殻構造の違いに対応して, それに面する外面上皮細胞の形態や機能が大きく異なっている.

　真珠を養殖する際に用いるピースは, 外套膜の縁膜部から切り出される. 切り出す部位は肉眼で見分けるが, 目印がある. 健康なアコヤガイの外套膜の外面を肉眼で見ると膜縁部から縁膜部の半ばにかけて黒色から茶褐色に着色し, それより中心側は薄い黄色に着色している場合が多く, この色素分布の境目に黒い色素を含む細い線が見える. この線を挟むように縁膜部を帯状に切り出して2～3mm角に細切してピースとする[15, 16]. この部分のピースを用いて真珠を養殖すると品質の良い珠の形成率が高く, 膜縁部や中心部から得たピースでは良い珠の形成率が低いことが知られている[17]. なお茶褐色や薄黄色の色素は外面上

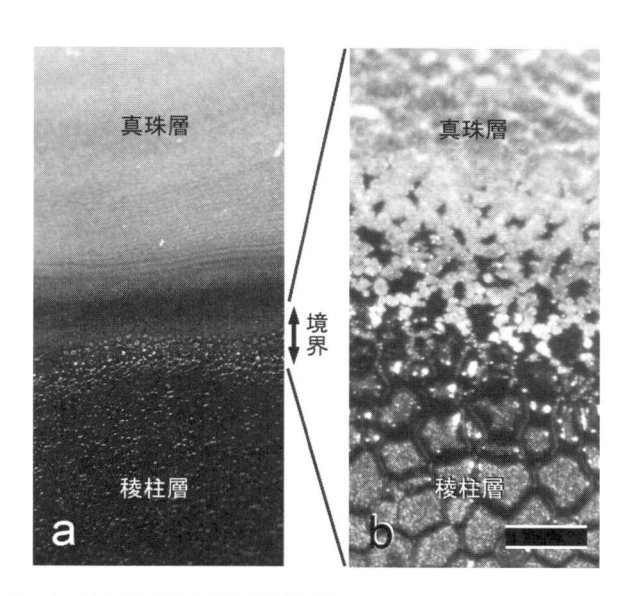

図4・3　アコヤガイの貝殻内面の真珠層と稜柱層
　　　　a：アコヤガイ貝殻内面には輝く真珠層と褐色や黒色の稜柱層がある. b：真珠層と稜柱層の境界付近を拡大して観察すると, 稜柱層から真珠層へ変化し真珠層が稜柱層を覆うように形成されているのが観察できる. スケール = 0.1 mm.

皮細胞自身がもっており[16]，このことも外面上皮細胞の機能が部位によって異なることを示している．

　外面上皮細胞は外套膜の外面を覆い，貝殻や真珠を作るのに重要な働きをしているが，実は以上のように多様な形態や機能をもつ細胞の総称である．外套膜の部位による機能の差がどのようにして生まれるのか，機能分化した状態がどのようにして保たれているのかは明らかでなく，幹細胞のような細胞の有無も明確ではない[18]．しかしそれに示唆を与えてくれるのが，真珠袋の形成過程である．

### §2. 真珠袋はどのようにしてできるか

　真珠核とピースを移植する（挿核）際には，まず移植される貝（母貝）の足の付け根付近の体表を専用のメスで真珠核がやっと入る程度に切開して入口を作る．最終的に真珠核とピースを収めるのは切開した場所からさらに奥にある生殖巣部位なので，そこまでの細い道をメスで切開して作る．そしてこの道を伝って専用の道具でピースと核を送り込む[15]．このように，挿核によって母貝の体表や体内には大きな切り傷ができるので，母貝には傷を修復するための反応（創傷治癒反応）が起きる．また母貝にとって異物である真珠核やピースが移植され，切開により組織屑なども生じるので，それらの異物を処理するための反応（異物処理反応）も起きる．この二種類の反応が起こる様子をもう少し詳しく述べ，その中で外面上皮細胞がどのように行動して真珠袋を作るのかを見てみたい．

　挿核のためにメスで体表などに傷をつけると，傷口から血リンパ液が流れ出して失われてゆく．それを防ぐために，創傷治癒反応としてまず傷口や体内の切り傷の場所に多数の血球が集まってくる（図4・4）[19,20]．アコヤガイの血球は無顆粒血球，顆粒血球−I，顆粒血球−IIという3種類に分類され[21]，このうち無顆粒血球が互いに密着して厚い血球シートを作って傷を塞ぎ，血リンパ液が流出するのを止める．そしてこの反応の一環として，挿入したピースと真珠核を一体として取り巻く形でも血球シートが形成される．また顆粒血球−Iや無顆粒血球が傷口そしてピースや真珠核周囲にできた組織屑を貪食して除く反応を起こす[19-21]．

　このように無顆粒血球による血球シートが傷口で作られ，ピースと真珠核を

取り巻く形でも作られる．このことが真珠袋形成に大変重要であり，傷口の治癒と真珠袋形成はよく似た現象としてとらえることができる．まず傷口で起こることを説明する．体表面の傷口が血球シートで塞がると，傷口周囲の体表の上皮細胞が偏平化し，血球シートの表面に向かって伸びてきて傷口を覆い始める．このとき，上皮細胞は細胞間の結合を保ったまま，つまり上皮シートの形で伸びてくる．そして体表の傷口は薄い上皮細胞で完全に覆われ，やがて上皮細胞は厚みを増して元どおりの体表が再生される（図4・4）[22]．

　一方，ピースと真珠核を包む血球シートでは，次のような反応が起こる．上手に挿核された真珠核とピースは密着しており，外面上皮は真珠核表面に接している．これを一体として血球シートが取り巻くが，鉱物である真珠核と血球シートの境界は，ちょうど外界に面する体表の傷口の血球シートと似た環境となる．そのためピースに含まれる外面上皮細胞は，傷口周囲の上皮細胞と同様に偏平化し，細胞間結合を保ったまま真珠核に面する血球シートの表面を伸びていき[20]，一部の細胞は増殖し[16,23]，真珠核を取り巻く「外面上皮」を再生していく（図4・4）．そしてやがて完全に閉じた外面上皮，すなわち真珠袋を形成し，

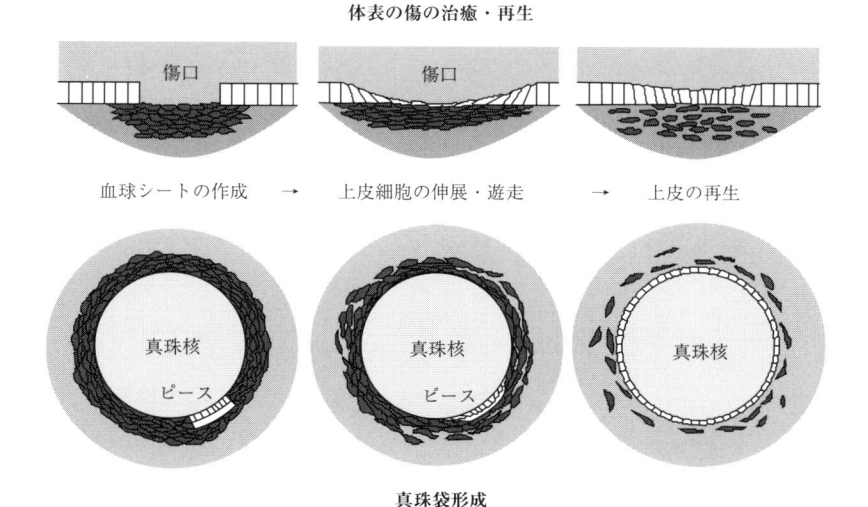

図4・4　体表の傷の治癒・再生と真珠袋形成過程の共通性

本来の貝殻形成機能を発揮し始めて真珠核表面に真珠が形成される．このように真珠袋形成は体表の傷の治癒，再生と同じ仕組みにもとづいて起こると理解できる（図4・4）．

　外面上皮細胞は外套膜の部位により形態や機能が異なることを説明したが，ピースの外面上皮細胞は真珠袋を形成する際にはピースにあったときの形態から大きく変化して偏平になり，遊走して増殖する[23]．この過程では貝殻基質タンパク質の遺伝子発現もほとんど止まってしまうが，真珠袋が完成すると再び外套膜での形態に近くなり貝殻形成機能を発揮し始める[3,24]．また真珠袋を構成する上皮（真珠袋上皮）中あるいは上皮下組織には粘液細胞や大顆粒細胞と思われる細胞も観察される[3,25]．偏平化して遊走する細胞の中に，粘液細胞や大顆粒細胞が含まれているのかは明らかでない．貝殻内面の結晶構造と外套膜外面上皮の形態に対応が見られるのと同様に，真珠の結晶構造とその真珠を作っている真珠袋上皮の形態には関連があり，例えば真珠核表面に稜柱層を作っている真珠袋の上皮は背が高く（基底から頂端までが長い），細胞質内に顆粒をもつことが多く，一方真珠層を作っている真珠袋では背が低いことが観察されている[3,25]．

　ピースに含まれる外面上皮細胞はこのようにして真珠袋を形成する．それではピースに含まれるその他の細胞はどうなるのか．真珠袋形成過程の組織学的観察ではピースの筋肉細胞などは次第に観察されなくなり，死滅して排除されると考えられている[3]．また通常の挿核ではピースを準備する際に外套膜内面の上皮を擦り落とすのでピースに内面上皮は含まれないが[15]，逆に内面上皮を残し外面上皮を除いたピースを移植してみる実験も行われている[26]．それによると内面上皮細胞は外面上皮細胞と同様に血球シートの表面を伸展して遊走し，真珠袋と同様の真珠核を取り巻く濾胞を形成する．しかしこの濾胞はやがて見られなくなり，内面上皮細胞は死滅して排除されると考えられている．一方，ピースには血球も含まれている．染色体操作で作成した三倍体アコヤガイに二倍体から採取したピースを移植すると，三倍体である母貝の血リンパ液中に二倍体の血球も現れることが報告されている[27]．このようにピースに含まれる外面上皮細胞以外の細胞は，血球は例外かもしれないが，一般的には母貝体内で死滅し排除されると考えられている．

ここまで真珠袋形成の主役はピースに含まれる外面上皮細胞と母貝の血球であることを見てきた．それではピースに替えて外面上皮細胞だけを移植しても真珠ができるはずである．もしそれが可能になれば，死滅する組織を移植しないので母貝のストレス低減に結びつくかもしれない．また良質な真珠を作る細胞を育てて移植することも可能になるかもしれない．このような考えから，外面上皮細胞を移植して真珠を作る技術の検討が進められてきた．

## §3. 外面上皮細胞を移植して真珠を作る

　外面上皮細胞を移植して真珠を作る最初の試みは 1978 ～ 79 年に町井によって行われた [16, 28]．町井は自らが開発したアコヤガイ外套膜の組織培養法を用い [29]，培養条件下で外套膜組織片から遊出した細胞をタンパク質分解酵素（プロナーゼ）で処理して分散し，細胞浮遊液を調製した．そして常法により挿核した真珠核表面に注射針をあてて細胞浮遊液を注入した．38 個体を用いて実験を行い，一年後に開殻して 13 個の真珠核を採集した．このうち 1 個の表面全体に真珠層が形成されており，他の核は何も形成されていない白珠であった．細胞浮遊液には筋肉細胞や無顆粒血球など様々な細胞が含まれており外面上皮細胞がどの程度含まれていたのかは明らかでなく，移植細胞数も明らかでない．しかしただ 1 個ではあったが，真珠層真珠が形成され得ることが示された．

　続いて 1982 年に和田は町井と協力して，より多くの貝に移植する実験を行った [30]．この実験ではアコヤガイ外套膜組織を 0.25％プロナーゼで処理して得た細胞浮遊液を，常法により挿核された真珠核周囲に注入し約 6 ヶ月後に核を採集して真珠形成を観察した．また翌 83 年には真珠核のみを挿核した 8 日後に細胞浮遊液を注入する区も設けて実験を行った．その結果，採取された真珠核の約 1 ～ 8％が真珠層真珠で，同時に行った通常の挿核法による真珠層真珠の形成率（約 68％）と比較すると非常に低いものの，真珠が形成されることがわかった．この場合も移植した細胞浮遊液には様々な細胞が含まれていたと予想され，注入した細胞数は明らかでない．

　このように外面上皮細胞を含む細胞浮遊液の移植で真珠が形成され得ることが示されたが，真珠層真珠の形成率は非常に低いものであった．その主な原因は，移植した細胞浮遊液中の外面上皮細胞の比率が低いことと，移植細胞数が十分で

ないことにあると考えられる．しかしその後，アコヤガイ外套膜組織をタンパク質分解酵素（ディスパーゼとコラゲナーゼ）で処理し，外面上皮をピンセットで剥離する外面上皮細胞分離法が開発されて純度の高い細胞浮遊液を調製することが可能になり，細胞数の計数も安定して行えるようになった[16]．そこで筆者らは，より純度の高い外面上皮細胞浮遊液の移植による真珠形成を検討した[31]．

　結果の一例を図 4・5 に示した．これは酵素処理で分離された外面上皮細胞を 3 種の異なる細胞濃度で海産貝類用生理塩類液（BSS）に懸濁し，真珠核のみを挿核して 13 日経過した母貝の真珠核周囲に 20 μL ずつ注射した場合の結果である．各区 20 個体を用い，細胞懸濁液には 5mg/mL でザイモザンを加え，比較のためザイモザンを含まない区も設けた．ザイモザンは酵母の細胞壁であり，アコヤガイ血球の活発な貪食反応を誘起する粒子であることが知られている[21]．約 3 ヶ月後に真珠核を採集して真珠形成を観察したところ，一個体に 46 万細胞を移植した場合，採取された核の約 60％が真珠層真珠となり，従来の報告よりも真珠層真珠の形成率がはるかに高くなった（図 4・5）．また 4.6 万細胞の移植では細胞懸濁液にザイモザンを含むと真珠層真珠が約 16％形成されたのに対し，ザイモザンを含まない区では形成されなかった．この結果はザイモザンの添加

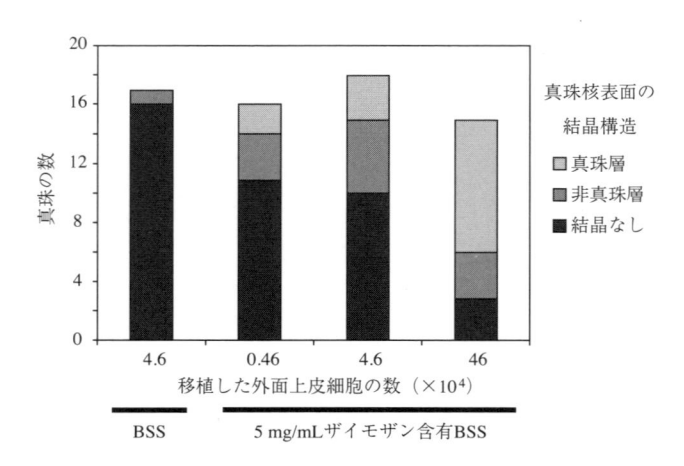

図 4・5　外套膜外面上皮細胞の移植による真珠形成
　　　　BSS：海産貝類用生理塩類液．文献 31）より改変して引用．

で真珠核や細胞移植に対する母貝の生体防御反応がより強く誘起され，それが真珠形成率の向上に結び付いた可能性を示している．

このように純度の高い外面上皮細胞を十分な細胞濃度で移植すると，従来よりも高い比率で真珠層真珠が形成できることが明らかになった．その後，外面上皮細胞と真珠核の接触を高めるために，真珠核に小穴を掘ってそこに外面上皮細胞を入れて移植する方法を検討し，1核あたり1万から5万細胞程度の移植により約90％の真珠核で真珠層真珠が形成される例が見られるようになっている[31]．このように，通常の挿核法にはまだ及ばないものの，外面上皮細胞移植による真珠生産が技術的には夢ではなくなってきている．

## §4. ピースから細胞へ

外面上皮細胞を移植して真珠を生産する技術が現行の挿核法に追いつくにはまだ改良が必要であるが，近いうちに確立されると予想される．これとともに筆者らは外面上皮細胞の細胞培養技術の開発も進めている[32]．この二つの技術が確立されれば，次の二つの新しい真珠養殖技術が生まれると予想される．第一に，現在は優良形質をもつ個体の選抜で進められているピース貝の改良とその系統の保存を，細胞レベルの選抜と保存で代替できる可能性がある．第二に，異なる優良形質をもつ外面上皮細胞を混合して移植することで，形質の組み合わせによっては優良形質を合わせもつ真珠を生産できる可能性がある．アコヤガイに限らず水産生物の育種は多くの場合長い年月がかかり，作成される系統の保存も容易ではない．また優良形質をもついくつかの系統が得られても，それらを兼ね備えたより良い系統をさらに作成することは容易ではない．外面上皮細胞の移植技術と細胞培養技術が確立されれば，このような問題を真珠養殖独自の方法で解決できる可能性がある．

貝類の細胞培養技術は少しずつ進歩しているが[32,33]，安定して増殖する細胞系などは未だに得られていない．しかし外面上皮細胞は血球との共培養下で一時的に増殖することが知られている[34]．また真珠袋形成過程で説明したように，創傷治癒過程では必ず増殖して傷口を覆う．このような現象が起こる機構を細胞レベル，分子レベルで解明することで，細胞培養技術の改良を進めることができる．アコヤガイのゲノム情報もこのような研究を加速するものであろう．

真珠養殖は他の養殖と異なり，ピースの移植という特殊な技術によって成り立っている．約100年前に発明された技術であるが[35]，ピースの表面を覆う外面上皮細胞と母貝の血球との相互作用が養殖技術の核となっており，細胞レベルの反応をうまく活用した養殖産業といえる．「ピース」と一言で呼んでいるものを「細胞」レベルで捉え直し，外面上皮細胞と血球の相互作用などを解明することで，新しい真珠養殖技術が生まれると考えている．

## 文 献

1) 和田浩爾．第1章6．真珠．「真珠の科学－真珠のできる仕組みと見分け方－」真珠新聞社．1999; 25-32．
2) Kawakami IK. Studies on pearl-sac formation. I. On the regeneration and transplantation of the mantle piece in pearl oyster. *Mem. Fac. Sci. Kyushu Univ. Ser. E* (Biol.) 1952; 1: 83-88.
3) 町井 昭．真珠袋形成に関する組織学的研究．国立真珠研報 1968; 13: 1489-1539．
4) 和田浩爾．第2章1．外套膜の構造と機能．「真珠の科学－真珠のできる仕組みと見分け方－」真珠新聞社．1999; 33-40．
5) 小島吉雄．アコヤガイ外套膜の組織学的研究，特に腺細胞に関する観察．生物 1949; 4 (5-6): 201-205．
6) Ojima Y. Histological studies on the mantle of pearl oyster (*Pinctada martensii* Dunker). *Cytologia Int.l J. Cytol.* 1952; 17 (2): 134-143.
7) Tsujii T. Studies on the mechanism of shell- and pearl-formation in Mollusca. *J. Fac. Fish. Pref. Univ. Mie* 1960; 5: 1-70.
8) 和田浩爾．第1章5．真珠貝と貝殻．「真珠の科学－真珠のできる仕組みと見分け方－」真珠新聞社．1999; 13-25．
9) Saruwatari K, Matsui T, Mukai H, Nagasawa H, Kogure T. Nucleation and growth of aragonite crystals at the growth front of nacres in pearl oyster, *Pinctada fucata*. *Biomaterials* 2009; 30: 3028-3034.
10) Takeuchi T, Endo K. Biphasic and dually coordinated expression of the genes encoding major shell matrix proteins in the pearl oyster *Pinctada fucata*. *Mar. Biotechnol.* 2006; 8: 52-61.
11) Wang N, Kinoshita S, Riho C, Maeyama K, Nagai K, Watabe S. Quantitative expression analysis of nacreous shell matrix protein genes in the process of pearl biogenesis. *Com. Biochem. Physiol., Part B* 2009; 154: 346-350.
12) Ohmori F, Kinoshita S, Koyama H, Maeyama K, Nagai K, Funabara D, Asakawa S, Watabe S. The primary structure of novel nacreous layer formation-related proteins and their expression in the pearl oyster *Pinctada fucata*. In: Watabe S, Maeyama K, Nagasawa H (eds). *Recent advances in pearl research*. TERRAPUB. 2013; 245-248.
13) 中原 晧．アコヤガイの外とう膜と真珠袋の上皮細胞におけるカーミン粒子の摂取について．国立真珠研報 1962; 8: 879-883．
14) 中原 晧．アコヤガイとハボウキガイの外とう膜における粘液物質の行動について．国立真珠研報 1962; 8: 871-878．
15) 青木 駿．第6章挿核．「真珠養殖全書」（真珠養殖全書編集委員会編）全国真珠養殖漁業協同組合連合会．1965; 166-204．

16) Awaji M, Machii A. Fundamental studies on *in vivo* and *in vitro* pearl formation-contribution of outer epithelial cells of pearl oyster mantle and pearl sacs. *Aqua-BioScience Monographs* 2011; 4: 1-39.

17) 青木 駿. 真珠養殖における挿核手術に関する研究. Ⅲ. 外套膜縁, 外套縁膜, 外套腔各部よりそれぞれ切り取られたピースを用いて施術を行った場合について. 国立真珠研報 1959; 5: 503-515.

18) Fang Z, Feng Q, Chi Y, Xie L, Zhang R. Investigation of cell proliferation and differentiation in the mantle of *Pinctada fucata*（Bivalve, Mollusca）. *Mar. Biol.* 2008; 153: 745-754.

19) 鈴木 徹, 船越将二, 和田浩爾. 挿核手術によって生じた生殖巣傷面の修復. 全真連技術研究会報 1988; 4: 11-19.

20) Suzuki T, Yoshinaka R, Mizuta S, Funakoshi S, Wada K. Extracellular matrix formation by amebocytes during epithelial regeneration in the pearl oyster *Pinctada fucata*. *Cell Tissue Res.* 1991; 266: 75-82.

21) 船越将二. 二枚貝類における血球の分類, 形態および機能に関する研究. 養殖研報 2000; 29: 1-103.

22) Acosta-Salmon H, Southgate PC. Wound healing after excision of mantle tissue from the Akoya pearl oyster, *Pinctada fucata*. *Comp. Biochem. Physiol. Part A* 2006; 143: 264-268.

23) Awaji M, Suzuki T. The pattern of cell proliferation during pearl sac formation in the pearl oyster. *Fish. Sci.* 1995; 61: 747-751.

24) Inoue N, Ishibashi R, Ishikawa T, Atsumi T, Aoki H, Komaru A. Gene expression patterns in the outer mantle epithelial cells associated with pearl sac formation. *Mar. Biotechnol.* 2011; 13: 474-483.

25) Aoki S. Comparative histological observations on the pearl-sac tissues forming nacreous, prismatic and periostracal pearls. *Bull. Japan. Soc. Sci. Fish.* 1966; 32（1）: 1-10.

26) 町井 昭. 真珠袋の組織学的研究, Ⅷ. ピース（外とう膜片）の内面上皮による組織形成. 国立真珠研報 1962; 8: 884-890.

27) Suzuki T, Awaji M. Wound-induced hematopoiesis in connective tissues of digestive canal in pearl oyster, *Pinctada fucata martensii*. *Mar. Biotechnol.* 1995; 3: 168-170.

28) 町井 昭. 真珠. 応用細胞生物学研究 2007; 24: 1-13.

29) 町井 昭. アコヤガイ外套膜の組織片培養. 国立真珠研報 1974; 18: 2111-2117.

30) 和田克彦. 2 真珠形成細胞株の改良法の開発.「細胞融合・核移植による新生物資源の開発」（研究成果235）農林水産技術会議事務局. 1990; 179-183.

31) 淡路雅彦, 山本貴志, 柿沼 誠, 永井清仁, 渡部終五. アコヤガイ外套膜から分離した外面上皮細胞の移植による真珠形成. 日水誌 2014; 80: 578-588.

32) Awaji M. The outer epithelial cells of pearl oyster mantle - morphology, functions, and primary culture methods. In : Watabe S, Maeyama K, Nagasawa H（eds）. *Recent advances in pearl research*. TERRAPUB. 2013; 195-206.

33) Gong N, Li Q, Huang J, Fang Z, Zhang G, Xie L, Zhang R. Culture of outer epithelial cells from mantle tissue to study shell matrix protein secretion for biomineralization. *Cell Tissue Res.* 2008; 333: 493-501.

34) Awaji M, Suzuki T. Monolayer formation and DNA synthesis of the outer epithelial cells from pearl oyster mantle in coculture with amebocytes. *In Vitro Cell. Dev. Biol.-Animal* 1998; 34: 486-491.

35) Nagai K. A history of the cultured pearl industry. *Zool. Sci.* 2013; 30: 783-793.

## II. 真珠養殖における問題点と解決の方向

## 5章　アコヤガイ赤変病の病原体究明の現状

中易千早[*1]・松山知正[*1]・小田原和史[*2]

　わが国の真珠養殖業は，1995年頃まで年間真珠生産量60〜70t以上の巨大な産業であった．しかし，1994年に一部の養殖場でアコヤガイの大量へい死が発生した．それまでにも養殖アコヤガイのへい死例はあったが，この大量へい死は軟体部に赤変化を伴って衰弱し，50％以上という高い死亡率を示す点でこれまでとは異なっていた．その後，大量へい死は年々規模と発生地域を拡大し，数年後には西日本の真珠養殖が行われているほぼすべての海域に被害が拡大した．被害は挿核貝に留まらず，養殖用母貝に広がり，その主生産地である愛媛県では，1997年の真珠母貝および真珠生産量は，大量へい死発生以前の10年間における平均値の70％および27％にまで減少した．全国における真珠生産量も1999年の時点で25t程度にまで落ち込み，真珠生産額も大きく減少したことで（図5・1），養殖業者ばかりでなく真珠業界全体を巻き込んだ社会問題にまで発展した．

　後に"アコヤガイ赤変病"と命名された本疾病の原因究明は，1996年より水産庁水産研究所（現在の（独）水産総合研究センター），真珠産業関係県の水産試験場，大学などの試験研究機関で大規模に行われ，様々な原因説が提唱されたが，未だに原因特定には至っていない．この章では，本疾病の原因究明のための研究概要および防疫対策について紹介する．

### §1. 本疾病の特徴
　本疾病の特徴は，罹病貝の軟体部全体が橙色から赤色を呈することであり，と

---

[*1] 独立行政法人水産総合研究センター増養殖研究所
[*2] 愛媛県農林水産研究所水産研究センター

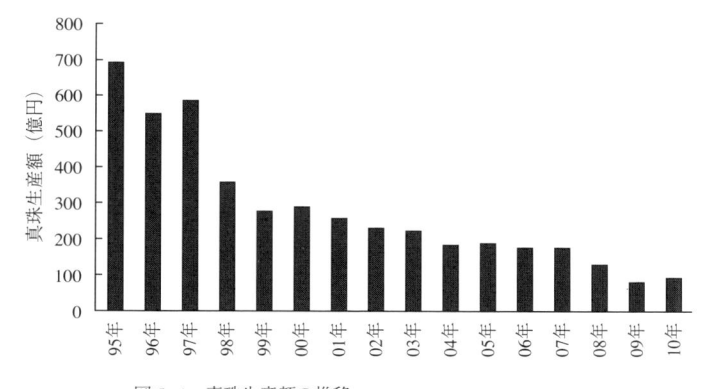

図 5・1　真珠生産額の推移
農林水産省漁業養殖業生産統計資料より作成.

くに外套膜と閉殻筋で赤変化は顕著である．病理組織学的所見では，結合組織の異常が最も普遍的に見られる[1]．正常な外套膜の結合組織は疎繊維性であり，ヘマトキシリンにわずかに染まるが，病貝の外套膜では繊維成分が多くなりエオシンに強く染まる．病貝の外套膜には血球細胞が多く浸潤し，外套動脈の内皮細胞は欠落し，血管壁が断裂したように管構造が不明瞭となる（図5・2）．閉殻筋においても，病貝では筋繊維間に結合組織が入り込み，筋繊維の配列が粗になっている．筋繊維間にも血球細胞の浸潤も多く見られる．よって本疾病の同定には，高い死亡率，軟体部の赤変化，結合組織や血管壁の異常の3点を確認することが必要になる．

　本疾病の発生は水温と密接に関係している[2]．大量へい死は秋頃（9～11月）の高水温期に発生し，低水温期に終息する．本疾病の発生時期を調査したところ，6月頃から症状が現れ，水温の上昇とともに11月頃までに養殖場で調査したすべての個体で症状の進行が見られた．その後，低水温期に入ると病変は徐々に軽微となり，2～3月頃には回復した．また，水温の上昇が早い愛媛県南部海域においては疾病の発生時期が早まることも報告されており[2]，飼育環境の水温が大きな発病条件のひとつになっていると考えられる．

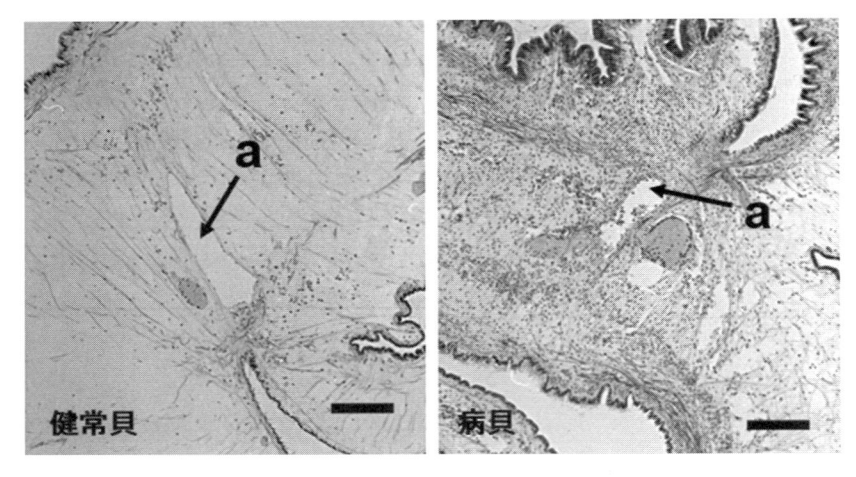

図5・2　健常貝および病貝の外套膜組織像
　　　　病貝外套膜では，多くの血球の浸潤が観察され，外套動脈 (a) の血管壁が断裂し，管構造が不明瞭になっている．エオシン好染の繊維部分の多い結合組織が観察される．スケール = 100μm．文献9）より引用．

## §2．大量へい死の原因究明
### 2・1　原因調査

　各研究機関が原因究明のための調査・試験を行い，環境因子や感染症など様々な要因が疑われてきた．環境要因としてプランクトンなどの餌料生物の不足が指摘されたが，餌料として十分なプランクトンが発生した年にもへい死が発生することから，直接的なへい死原因とは考えにくい．また，渦鞭毛藻のヘテロカプサ *Heterocapsa circularisquama* により形成される赤潮もその因果関係が疑われた．しかし，その後の調査で大量へい死が赤潮とかかわりなく発生していることが判明している．他にも，魚類養殖場の消毒薬あるいは残餌の酸化油による影響が指摘されたが[3]，魚類養殖場のない海域でもアコヤガイの大量死が起こることから原因である可能性は低いと思われた．

　病貝の症状や現場の状況から大量へい死の原因として感染症が疑われ，これまでに様々な微生物が病原体の候補として報告されている．各地の病貝から *Perkinsus* 属原虫の遺伝子が高頻度で検出されたことにより，直接的な原因と推測されたが[4]，この遺伝子は健常な貝からも検出され，本原虫の大量へい死への

関与は不明である．ウイルス感染症についても検討され，病貝から魚類由来の培養細胞（EK-1 および EPC 細胞）を用いて 30 nm の小型球形ウイルスの分離に成功し，それを健常貝に接種すると本疾病の特徴的な病変を再現できたとして，アコヤウイルスと命名されている[5]．しかし，養殖研究所（現在の増養殖研究所）でも上記 2 種類を含む 14 種類の魚類由来細胞を用いてウイルスの分離培養を繰り返したが，成功せず，再現性は得られていない[6]．また，魚類培養細胞（CHSE-214 および RSBK-2）を用いてアコヤガイからビルナウイルスが分離されているが，病原性は低く赤変病との関連性は否定されている[7]．

一方で，感染試験は成立せず大量死は感染症ではないとする報告もある[8]．しかし，感染の再現は，水温，期間，感染力価あるいは感染方法などの条件により，結果が左右されることがある．そこで，本疾病が感染症であることを証明するため，養殖研究所では，病貝外套膜の健常貝への移植，450 nm フィルターでろ過した病貝血リンパ液の健常貝への接種などを行い，数ヶ月後に健常貝に病貝と同様の病状が再現されることを確認した[1,6]．さらに，病貝と健常貝を一水槽に収容し，UV 滅菌したろ過海水で流水飼育したところ，試験開始から 160 日後には病貝と飼育した健常貝の約 80% が死亡し，生残した貝には赤色化，組織病変が観察された．健常貝のみの飼育区では，へい死，赤色化，組織異常は観察されなかった[9]．この結果は，本疾病が感染症であり，周囲の貝へ水平感染することを裏付け，450 nm を通過するろ過性病原体であることが示された．愛媛県水産試験場においても，感染試験による赤変病の発症試験が再現性高く成功しており[10]，日本魚病学会は 2004 年に本疾病を「アコヤガイ赤変病」と命名し，感染症疾病に認定した．

## 2・2 病原体の探索

筆者らは病貝体内での病原体の存在部位を特定するため，外套膜，閉殻筋，血リンパ液上清，血球（血リンパ液沈渣），心臓，消化盲嚢の各組織片を健常貝に移植したところ，外套膜，閉殻筋，血リンパ液上清でへい死，赤変化，組織病変が確認された．これらの病貝組織を少量の人工海水中で磨砕し，その遠心上清を接種しても同様に病状が再現され（図 5・3），病原体が外套膜，閉殻筋および血リンパ液上清に多く存在することが確認された[9]．そこで，病原体を探索するため，各発症段階の病貝について，外套膜，閉殻筋を中心に光学顕微鏡お

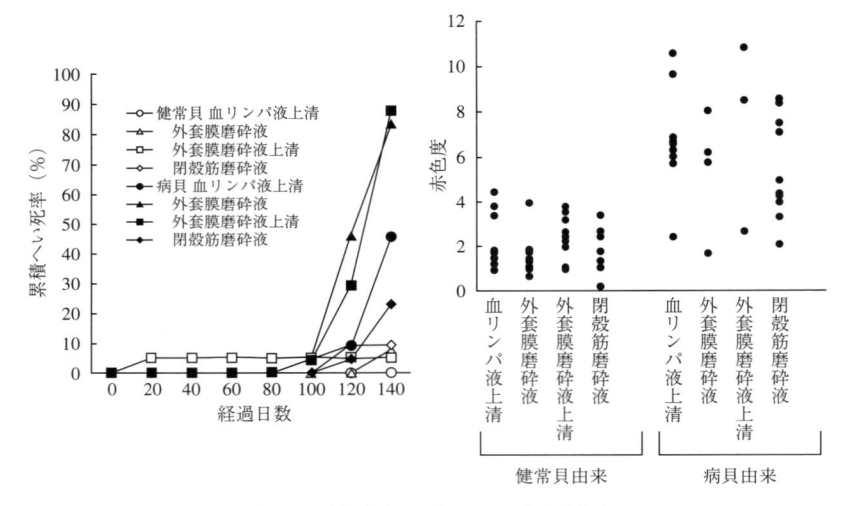

図5・3 アコヤガイ臓器を用いた感染試験におけるへい死率と赤色度
病貝および健常貝の各部位について健常貝に接種し，へい死率および140日後の赤色度を色彩色差計により測定した．赤色度は筆者らの測定方法では4以下が正常な貝の値となる．文献9）より引用．

よび電子顕微鏡による病理組織観察を行い，組織磨砕液および血リンパ液上清の電子顕微鏡観察も行った．細菌類やウイルス様粒子が観察される場合もあったが，明確に病原体と特定できるものは確認できず，組織学的な観察から病原体を同定することは困難であると判断した．

病原体の分離培養についても検討を行った．これまでの研究で赤変病の病原体は450 nmのフィルターを通過するろ過性病原体であることが明らかにされている．魚病の分野では，この大きさの病原体として最初にウイルスを疑うのが一般的である．ウイルスの分離には株化細胞が必要になるが，二枚貝由来の株化細胞は樹立されていないため，筆者らは，アコヤガイ外套膜の初代培養細胞を作製し，病貝の血リンパ液や外套膜からウイルス分離を試みた．残念ながら培養開始から数週間を経ても，ウイルスが増殖した場合に起こる細胞変性は確認されなかった．

一方，研究の過程でアコヤガイの血リンパ液には健常貝・病貝にかかわらず450 nmのフィルターを通過する様々な細菌類が存在することが明らかとなってきた．ろ過摂餌者である二枚貝は海水中の微生物を大量に濃縮するが，一部の

細菌類は体表のバリアーを通過し，血リンパ液に移行する[11]．また，海洋環境中の細菌の大部分は 450 nm 以下のサイズである．海洋環境中の小型の細菌類がアコヤガイの体内に存在しても不思議はなく，本疾病が細菌感染症であることも十分に考えられる．そこで，450 nm フィルターでろ過した病貝の血リンパ液から細菌の分離培養が試みられた．海洋細菌の培養に用いられる Zobell 2216 培地では，*Vibrio* 属，*Tenacibaculum* 属，*Silicibacter* 属，*Agrobacterium* 属の細菌が分離され，*Vibrio* 属および *Tenacibaculum* 属の分離細菌の一部には，培養上清中にアコヤガイの血球に対する有毒性が認められたが，これら細菌は健常貝からも検出され，病原体とは考えられなかった（未公表）．健常貝血リンパ液を培地とした培養法も試みられ，極めて増殖性の低い根粒菌に近縁と思われる細菌が純培養されたが，感染試験の結果，赤変病は再現されず本疾病との因果関係は否定された（未公表）．

一方で，培養できる細菌は環境中に存在する細菌の 1% にも満たないと考えられており[12]，アコヤガイ血リンパ液の細菌群もほとんどが培養できないと思われる．そこで，培養を経ずに病原体を推定するために，外套膜磨砕液や血リンパ液から病原体の粗精製を試みた．ゲルろ過法およびショ糖や Percoll による密度勾配遠心法により，大きさや比重を目安に細かく分画し，感染試験により病原体が含まれる画分を探索した．しかし，すべての画分で病原性は認められず，その後の試験により，複雑な分離操作による物理的な傷害，あるいは海水とは異なる浸透圧の影響で病原体が失活することが示唆された．そのため，病原体の粗精製には単純かつ時間を要しない手法が必要と考えられた．病貝の血リンパ液上清を用い，様々な遠心力（×g）で 1 時間の遠心分離を行い，その沈渣と上清を健常貝に接種して感染試験を行った．その結果，20 万×g 以上の遠心力により病原体は失活し，沈渣，上清の接種区ともに感染が見られなかった．1 万×g では，沈渣，上清ともに病原性が認められ，病原体が沈降しないことが示された．2 万～5 万×g の遠心では沈渣に病原性が確認されたことから（図 5・4），2 万×g 以上の遠心により病原体が沈降することが確認され，ある程度の粗精製が可能になった（未公表）．また，2 万×g という弱い遠心力で沈降することや強い遠心力などにより容易に失活することから，病原体がウイルスである可能性は低いと考えられた．

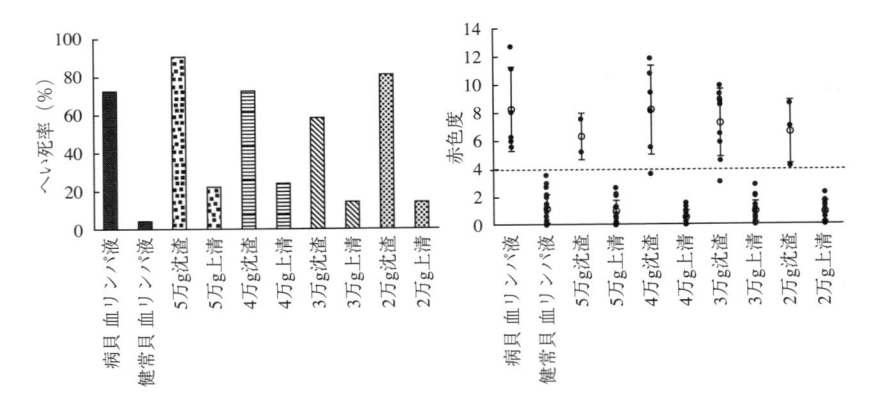

図 5・4　遠心画分を用いた感染試験におけるへい死率と赤色度
　　　　感染試験開始後 200 日目のへい死率および赤色度．病貝血リンパ液上清を用い，各遠心条件により得られた沈渣および上清を接種したところ，各区ともに沈渣接種区で発病が確認された．

## 2・3　分子生物学的手法を用いた探索

　病原体の粗精製分画が得られたことから，本分画について分子生物学的手法による微生物相の解析を行った．これまでに，16S リボソーム DNA や DGGE 法（Denaturant Gradient Gel Electrophoresis）による細菌相の解析，そして血リンパ液に含まれる DNA のショットガンクローニングによる網羅的な解析が行われ，*Vibrio* 属，*Flexibacter* 属，*Pseudomonas* 属，*Bacillus* 属，*Staphylococcus* 属，*Mycoplasma* 属，*Mycobacterium* 属，*Rickettsia* 属，*Chlamydia* 属などの細菌類，ウイルスでは Nanovirus の塩基配列が検出されている．しかし，いずれの解析においても，病貝より検出された配列の多くは健常貝からも検出され，病原体の特定には至らなかった（未公表）．

　現在さらに解析規模を広げ，次世代シーケンサーを用いた病貝血リンパ液のメタゲノム解析を行っている．メタゲノム解析とは，環境サンプルから回収された微生物のゲノムをそのままシーケンスすることで，環境中の多様な微生物群を分離培養することなく網羅的に解析する手法である．本手法は，腸内細菌叢や共生細菌叢，環境中のウイルス群の解析などで新たな知見を次々と生み出している[13]．腸内と同様に，体内に多くの微生物が存在する貝類の特性を考えると，メタゲノム解析は貝類の未知病原体を特定する有効な手法と考えられる．

血リンパ液中のDNAを網羅的に解析する点で先述のショットガンクローニングによる解析と類似するが,次世代シーケンサーを用いることで従来とは比較にならない大規模な解析が可能となった.ここでわれわれが進めている解析について紹介する.

病貝血リンパ液の遠心沈渣より精製したDNAを増幅し,次世代シーケンサーを用いて塩基配列を解読した.得られた塩基配列の中に既存の遺伝子データベースに登録されている塩基配列と類似する(相同性を示す)配列があるかを検索すると,相同性を示す配列が存在し,そのような配列のうち71.4％が真正細菌,16.8％が古細菌,7.0％が真核生物,4.4％がウイルス由来の塩基配列に相同性を示した.真正細菌に相同性を示す配列群は,218科の分類群に割り当てられ,病貝の血リンパ液には多様な真正細菌が存在していると考えられた.解析結果の全体を示すことはできないが,存在比の高い上位10科を表5・1に示した.最も優占していたOceanospirillaceae科は,海洋環境などの塩分濃度の高い水中に分布する真正細菌で,アワビ*Haliotis rubra*では血リンパ液の200 nmフィルター濾液から分離培養されている[14].Flavobacteriaceae科,Vibrionaceae科,Pseudomonadaceae科,Enterobacteriaceae科は魚類の細菌感染症でも問題となる分類群である.また,Flavobacteriaceae科,Vibrionaceae科,Pseudomonadaceae科の細菌は,産地にかかわらず海産二枚貝の消化管細菌叢に優占的に存在する分類群でもある[15].古細菌に相同性を示す配列群は,18科の分類群に割り当てられ,このうち91.7％がNitrosopumilaceae科に割り当てられた.Nitrosopumilaceae科に属する*Nitrosopumirus maritimus*は海洋古細菌で唯一分離培養されており,全ゲノム情報が公開されている.

表5・1 真正細菌各分類群の出現頻度

| 分類群（科） | 出現頻度（％） |
| --- | --- |
| Oceanospirillaceae | 8.5 |
| Flavobacteriaceae | 7.4 |
| Alteromonadaceae | 4.6 |
| Vibrionaceae | 3.6 |
| Rhodobacteraceae | 2.7 |
| Pseudomonadaceae | 2.6 |
| Desulfovibrionaceae | 2 |
| Cytophagaceae | 1.9 |
| Enterobacteriaceae | 1.7 |
| Porphyromonadaceae | 1.6 |
| 合　計 | 36.5 |

真正細菌に割り当てられた配列数を100とした場合の各分類群の出現頻度.出現頻度の高い上位10科を示す.

病貝の血リンパ液中に本分類群の細菌が多く存在することは間違いなさそうだが，本分類群に多くの配列が割り当てられたのは，古細菌の中では本分類群のゲノム情報が充実していることも一因と考えられる．ウイルスに相同性を示す配列の94.1％はファージに割り当てられ，藻類や植物に感染するウイルスに対しては4.7％，動物に感染するウイルスに対してはわずか0.7％のみが割り当てられた．動物ウイルス由来の配列は，2種類のCircovirus, 1種類のTaterapox virusに相同性を示した．Circovirusは1本鎖DNAウイルスで，豚や鳥などに感染する．Taterapox virusは2本鎖DNAウイルスであるポックスウイルスの一種である．このように，ウイルスに相同性を示す配列は極めて少ないが，実際にはより多くのウイルスがアコヤガイの体内に存在すると思われる．詳細は示さないが，より強い超遠心沈渣分画からは，ヘルペスウイルス，イリドウイルス，ビルナウイルスなどの配列が多数得られている．したがって，病貝の血リンパ液にはウイルスも多く存在するが，赤変病の病原体が沈降する最低速の加速度では大部分のウイルスは上清分画に残されていると思われる．また細菌やその他生物とは異なり，ウイルスでは分類群を越えて共通する遺伝子がなく[16]，相同性検索では見逃される配列も多くあると考えられる．しかし，今回解析した病原体を含む超遠心沈渣に含まれるウイルスは非常に少ないと考えて間違いなかろう．

以上のように，病貝血リンパ液のメタゲノム解析により多様な微生物を由来とする配列を得たが，病原体の特定には至っていない．今後は，マイクロアレイを用いた病原体由来配列のスクリーニングなどを行い，病原体由来と推定される配列を絞り込む予定である．

## §3. アコヤガイ赤変病の対策と現在の発生状況
### 3・1 アコヤガイ赤変病の防疫対策

これまでの疫学調査により，高水温期に赤変病による大量死が発生すること，冬季に十分な低水温を経験した貝ほど，その後の高水温期に大量死の被害が少ないことが明らかになっている[17]．この調査結果を踏まえ，冬季に13℃以下の水温で約2ヶ月間飼育することにより，大量死の被害を軽減する方法が開発されている[18]．低水温が病原体の生残や増殖を抑制していると考えられる．また，病原体から隔離された漁場を養殖に利用する方法も開発された．すなわち，ア

コヤガイ養殖場として一定期間使用していない，あるいは養殖が行われたことがない水域において，赤変病貝のもち込みを禁止し，無病の稚貝を養殖することで本疾病を発症させない方法が導入された．この方法は，現在でも愛媛県の日振島や福岡県の相島などで用いられている[19]．しかし本手法は，冬季の低水温飼育による方法と同様に，条件を満たす漁場に限定されるため，全国的な普及には至っていない．

本疾病に対する耐病性育種も行われている．国，県，民間企業の研究機関および漁協などにより赤変病に対し生残した貝を親貝として選抜することで，耐病性系統が得られている[20-23]．親貝には，日本産アコヤガイの他，もともと赤変病に抵抗性をもちアコヤガイと極めて近縁とされる南方系のベニコチョウガイなどが用いられ，日本産同士の交配による貝（選抜日本貝）や，日本産とベニコチョウガイなどとの交配による貝（選抜交雑貝）が生産され，全国に普及し，大きな効果を上げている．しかし，ベニコチョウガイなどの海外種がもち込まれることによる天然集団の遺伝的攪乱，近親交配を繰り返した貝の放卵放精による天然集団の遺伝的多様性の低下，劣性の有害遺伝子が近親交配でホモ化することによる人工採苗貝の生残や成長の低下，真珠品質の低下といった懸念も挙げられている[24]．

### 3・2 アコヤガイ赤変病の発生状況

上記の対策により，一部の海域では赤変病の発生が見られなくなり，全国的にも被害が軽減したことから，赤変病が終息に向かっているとも考えられた．そこで，2007年から2008年に赤変病の流行状態について，三重県，愛媛県，長崎県および大分県で現地調査を行った[25]（表5・2）．この調査では，赤変病の未発生海域である能登産の健常貝（以後，能登貝）を各県の海域に垂下し，赤変病の発症の有無を調査した．

調査結果を表5・2に示す．能登貝の累積死亡率は，三重県志摩市，愛媛県宇和島市および長崎県佐世保市で75%以上の高い値を示し，赤変化や組織病変が確認されたことから赤変病の病原体はアコヤガイ養殖海域から消失していないことが明らかとなった．唯一，赤変病が確認されなかった長崎市では，アコヤガイ養殖が2年間行われておらず，十分な期間，養殖を行わないことで病原体を海域から排除できることが改めて示された．なお，2013年にも宇和海中部に

表 5・2 各地先に垂下した能登貝と選抜交雑貝の累積死亡率，閉殻筋の赤変化および外套膜結合組織の病変．文献 25) より引用．

| 地先[*1] | 三重県 志摩市 | | 愛媛県 宇和島市 | | 対馬市 | 長崎県 佐世保市 | 長崎市 | 大分県 佐伯市 |
|---|---|---|---|---|---|---|---|---|
| 貝の種類 | 能登貝 | 選抜貝 | 能登貝 | 選抜貝 | 能登貝 | 能登貝 | 能登貝 | 能登貝 |
| 累積死亡率 (%) | 98.0 | 11.0 | 75.9 | 2.0 | 42.0 | 90.0 | 2.0 | NT[*5] |
| 閉殻筋の赤変化[*2] | 3/5 | 3/5 | 8/10 | 1/10 | 4/5 | 5/5 | 0/5 | 3/5 |
| 外套膜結合組織の病変[*3] | 3/3 | NT[*5] | 3/3 | NT[*5] | NT[*5] | NT[*5] | NT[*5] | 3/3 |
| 地先水温 (℃)[*4] | 25.7 (20.2-29.5) | | 24.5 (18.3-29.1) | | 26.1 (20.8-30.5) | 25.8 (20.8-30.2) | 25.3 (20.0-30.1) | 24.0 (19.3-29.2) |

[*1] 志摩市地先で 2007 年 5 〜 9 月，宇和島市地先で同年 5 〜 10 月，対馬市地先で同年 5 〜 10 月，佐世保市地先で同年 6 〜 10 月，長崎市地先で同年 5 〜 10 月および佐伯市地先で 2008 年 5 〜 11 月に貝を垂下した．
[*2] 赤変化した個体数/調査した個体数．[*3] 病変を確認した個体数/調査した個体数．[*5] 未調査．
[*4] 水深 2 m における平均値（最小値 - 最大値）．

能登貝を垂下したところ，累積死亡率は66％であり，現在でも病勢が治まっていないことが明らかとなっている．

また，本調査では，三重県と愛媛県において，耐病性育種を行った選抜交雑貝の死亡率も観察している（表5・2）．能登貝と同様に垂下した結果，その累積死亡率は能登貝に比べて有意に低く，選抜交雑貝は本疾病に高い抵抗性を有することが示された．

現在も赤変病は養殖水域に継続して存在し，その原因体は高い病原性を有していることが示された．また，近年アコヤガイの死亡率が低下しているのは，選抜貝が，従来の貝（天然貝）に比べ耐病性をもつことが大きな要因であると考えられた．しかし，選抜貝でも，赤変化や組織病変を示す個体が確認されており，本疾病の病原体を同定し，疾病対策を今後も継続していく必要がある．

## 文献

1) 黒川忠英，鈴木　徹，岡内正典，三輪　理，永井清仁，中村弘二，本城凡夫，中島員洋，芦田勝朗，船越将二．外套膜片移植および同居飼育によるアコヤガイ Pinctada fucata martensii の閉殻筋の赤変化を伴う疾病の人為的感染．日水誌 1999; 65: 241-251.

2) 森実庸夫．愛媛県におけるアコヤガイ大量死の発生状況．魚病研究 1999; 34: 223-224.

3) Yoshiyuki S, Hirano M, Tsutsumi K, Mobin S M A, Kanai K. Effects of exogenous lipid peroxides on mortality and tissue alterations in Japanese pearl oysters Pinctada fucata martensii. J. Aquat. Anim. Health 2005; 17: 233-243.

4) 濱口昌巳，鈴木伸洋，石岡宏子．アコヤガイの原虫感染について（1）．平成10年度アコヤガイ大量へい死原因究明に関する水産庁研究所研究成果報告書，水産庁養殖研究所，中央水産研究所，瀬戸内海区水産研究所，西海区水産研究所，日本海区水産研究所，水産工学研究所．1999; 35-43.

5) Miyazaki T, Goto K, Kobayashi T, Kageyama T, Miyata M. Mass mortalities associated with a virus disease in Japanese pearl oysters Pinctada fucata martensii. Dis. Aquat. Org. 1999; 37: 1-12.

6) 中島員洋．アコヤガイの大量死における伝染性病原体の関与について．魚病研究 1999; 34: 227.

7) Suzuki S, Utsunomiya I, Kusuda R. Experimental infection of marine birnavirus strain JPO-96 to Japanese pearl oyster Pinctada fucata. Bull. Mar. Sci. Fish., Kochi Univ. 1998; 18: 39-41.

8) Hirano M, Kanai K, Yoshikoshi K. Contact infection trials failed to reproduce the disease condition of mass mortality in cultured pearl oyster Pinctada fucata martensii. Fish. Sci. 2002; 68: 700-702.

9) Nakayasu C, Aoki H, Nakanishi M, Yamashita H, Okauchi M, Oseko N, Kumagai A. Tissue distribution of the agent of Akoya Oyster Disease in Japanese pearl oyster Pinctada fucata martensii. Fish Pathol. 2004; 39: 203-208.

10) 森実庸夫, 山下浩史, 藤田慶之, 川上秀昌, 越智 脩, 前野幸男, 釜石 隆, 伊東尚史, 栗田 潤, 中島員洋, 芦田勝郎. 血リンパ接種による軟体部の赤変化を伴うアコヤガイ疾病の再現. 魚病研究 2002; 37: 149-151.

11) Olafsen J A, Mikkelsen H V, Giæver H, Hansen GH. Indigenous bacteria in hemolymph and tissues of marine bivalves at low temperatures. *Appl. Environ. Microbiol.* 1993; 59: 1848-1854.

12) Amann R I, Ludwig W Schleifer K H. Phylogenetic identification and in situ detection of individual microbial cells without cultivation. *Microbiol. Rev.* 1995; 59: 143-169.

13) Chistoserdova L. Recent progress and new challenges in metagenomics for biotechnology. *Biotechnol. Lett.* 2010; 32: 1351-1359.

14) Schlösser A, Lipski A, Schmalfuß J, Kugler F Beckmann G. *Oceaniserpentilla haliotis* gen. nov., sp. nov., a marine bacterium isolated from haemolymph serum of blacklip abalone. *Int. J. Syst. Evol. Microbiol.* 2008; 58: 2122-2125.

15) Iida Y, Honda R, Nishimura M, Muroga K. Bacterial flora in the digestive tract of cultured pacific oyster. *Fish Pathol.* 2000; 35: 173-177.

16) Edwards R A, Rohwer F. Viral metagenomics. *Nature Rev. Microbiol.* 2005; 3: 504-510.

17) 室賀清邦, 乾 靖夫, 松里寿彦. ワークショップ「貝類の新しい疾病」. 魚病研究 1999; 34: 219-231.

18) 永井清仁, 岡田昌樹, 郷 讓治. 低水温漁場を用いたアコヤガイの病害被害軽減方策. 日水誌 2004; 70: 674-677.

19) 山下浩史. III. 無病貝育成調査. 平成16年度愛媛県水産試験場事業報告, 愛媛県水産試験場. 2005; 70.

20) 岡本ちひろ, 古丸 明, 林 政博, 磯和 潔. アコヤガイ *Pinctada fucata martensii* の閉殻力とへい死率および各部重量との関連. 水産増殖 2006; 54: 293-299.

21) 岩永俊介, 桑原浩一, 細川秀毅. アコヤガイの血清タンパク質含量を指標とした優良親貝の選抜. 水産増殖 2008; 56: 453-461.

22) 内村祐之, 森実庸男, 藤田慶之, 兵頭勝也, 平田智法. 軟体部に赤変化を伴う感染症におけるアコヤガイ *Pinctada fucata martensii* 血球の応答. 愛媛水試研報 2001; 9: 7-13.

23) 西川 智, 滝本真一. アコヤガイの炭酸脱水酵素の貝体形成への関与. 愛媛水試研報 2001; 9: 1-5.

24) 和田克彦.「真珠をつくる」成山堂書店. 2011.

25) 小田原和史, 山下浩史, 曽根謙一, 青木秀夫, 森 京子, 岩永俊介, 中易千早, 伊東尚史, 栗田 潤, 飯田貴次. 天然アコヤガイを用いたアコヤガイ赤変病の病勢調査. 魚病研究 2011; 46: 101-107.

# 6章　英虞湾における養殖場環境の現状と課題

国分秀樹*・渥美貴史*

　英虞湾は真珠養殖発祥の地として知られ，100年以上日本の真珠養殖業界の発展に貢献してきた．現在でも，英虞湾の真珠生産量は三重県全体の70％以上を占め，真珠養殖の中心的存在となっている[1]．図6・1に，1940年以降の三重県全体の真珠生産量の推移を示した[1]．第二次大戦以前の生産量は0.2～4.1 tで推移し，戦後まもない1949年に漁業法改正が行われると，真珠養殖経営体が増加し始めた．さらにアメリカ市場での需要増加もあり，1950年以降，生産量，経営体数ともに急増した．1966年には，過去最大の生産量（51.5 t）を記録した．三重県の生産量は1949年から1966年の18年間で22.4倍にもなり，1950年から1960年代半ばにかけて真珠養殖は最も盛んに行われた．1950年代半ば以降には，三重県内の真珠養殖漁場が不足したため県外へ漁場を拡大した．その

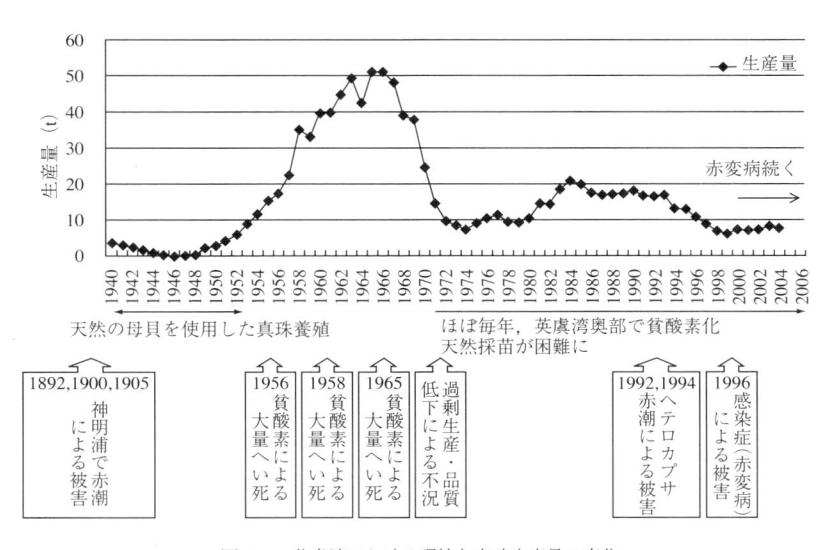

図6・1　英虞湾における環境と真珠生産量の変化

* 三重県水産研究所

結果，日本全体の真珠生産量は増大したものの，生産量の過剰と真珠品質の低下により市況は不安定となった．そして1967年から本格的な真珠の輸出不振に陥り，長期の不況となった．その後，1970年代に入ると市況が徐々に回復し始め，長期化した真珠不況は終わり，1984年には20.9 tまで生産量は回復した．しかし，近年の真珠生産量をみると，外国産真珠の台頭に加え，ヘテロカプサ赤潮やアコヤガイ赤変病の発生により，2001年には7.2 tまで減少した．さらに，長引く経済不況の影響を受け，現在に至るまで，真珠養殖量は低迷を続けている．このように，三重県の真珠養殖業界は，大変厳しい状況におかれている[2]．本章では，英虞湾での環境悪化の現状と原因について，これまでの研究成果を踏まえて概説し，その課題解決に向けた取り組みについて紹介する．

### §1. 英虞湾の真珠養殖漁場環境の現状

英虞湾は閉鎖性が高い海域であり，本来陸域からの栄養を貯めやすく，貝類のエサとなる植物プランクトンが発生する豊かな海域である．この自然の利点を活かして真珠養殖が行われてきた．しかし，この豊かさは，自然の絶妙なバランスの上に成り立つものであり，近年そのバランスが崩れ，様々な問題が起きている．英虞湾の抱える環境問題は，真珠養殖漁場である湾奥の①水質・底質悪化と，それに関連した②赤潮や③貧酸素水塊の発生である．以下にそれぞれの現状と過去からの経年変化について述べたい．

#### 1・1 水質と底質

1976年から2006年までの英虞湾の水質（COD（化学的酸素要求量），DIN（溶存態無機窒素））と底質（COD，AVS（酸揮発性硫化物））の経年変化データを湾口部，湾央部，湾奥部に分けて示す（図6・2）[3]．

水質のCODについては，1970年代後半から増加し，1990年前後をピークにその後は減少傾向であると推測される．DINについては，CODほどの顕著な傾向はみられないが，1993年に湾内全域で高くなっており，以降表層よりも底層で高い値が確認できている．これは，底泥からの溶出が影響しているものと考えられる．以上の結果より，表層のCODについては全湾的な減少傾向がみられ，富栄養化という観点からは英虞湾の水質は改善されつつある．

底質のCODについて，湾口では1980年代以降横這い傾向にあるが，湾央・

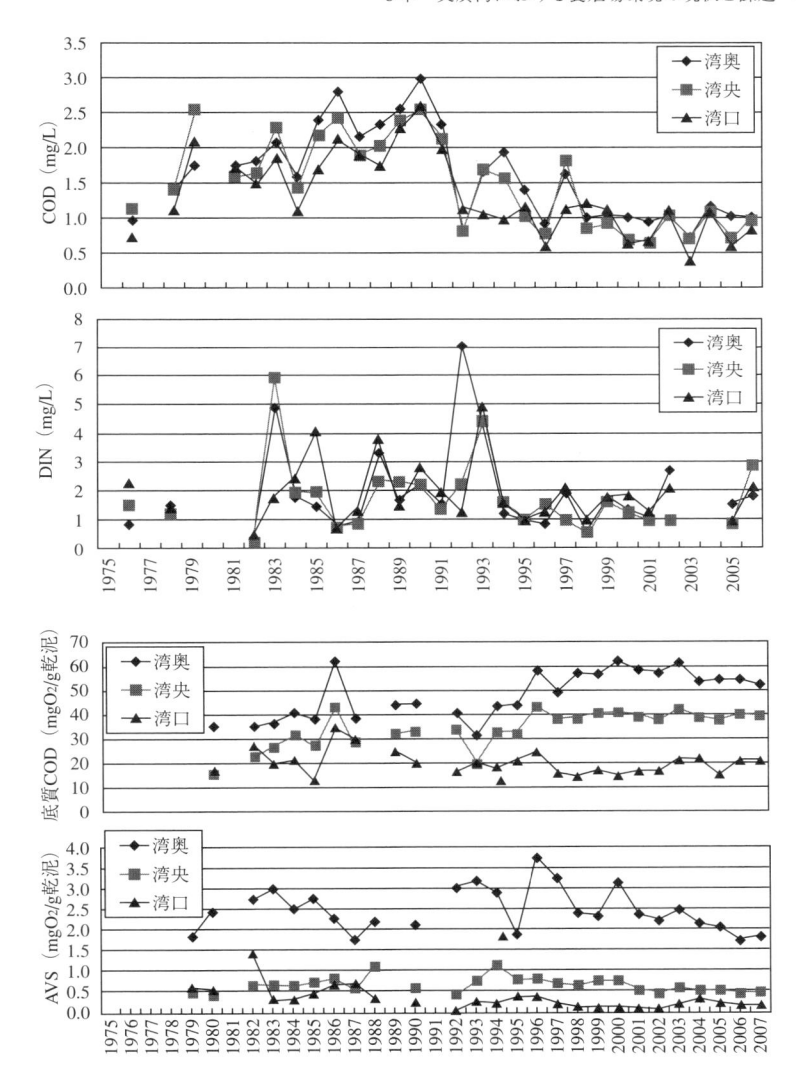

図 6・2 英虞湾における水質（上 2 図 COD（化学的酸素要求量）と DIN（溶存態無機窒素））と底質（下 2 図 COD と AVS（酸揮発性硫化物））の経時変化

湾奥では1980年代から微増傾向にあり，1990年代に入ると急激に増加している．一方，硫化物（AVS）は，湾口・湾央では1970年代以降概ね横這い傾向にあるが，湾奥では増減を繰り返しつつも1990年代後半から減少傾向にある．以上より，英虞湾では，1970年代以降，湾奥を中心にCODおよび硫化物がベントスに影響がある30 mg/g（COD），1mg/g（硫化物）を超える高い値となっている．水産用水基準[4]では，底質のCODが20 mg/g 未満，硫化物が0.2 mg/g 未満を正常泥，COD：20～30 mg/g，硫化物：0.2～1.0 mg/g までを初期汚染泥，COD：30 mg/g 以上，硫化物：1.0 mg/g 以上を汚染泥と定義している．この基準に当てはめると，CODについては湾央と湾奥で，硫化物については湾奥で汚染泥に当たる．このように現在もなお，英虞湾の底質は悪い状態が続いている．

### 1・2 赤潮

英虞湾では，古くから赤潮の発生が確認されており，1892年，1900年，1905年に赤潮が発生し，魚介類がへい死するなどの被害を受けたという記録がある[5]．赤潮植物プランクトンの種類に関しては年次変化がみられる．「三重県沿岸海域に発生した赤潮」に掲載されている英虞湾における赤潮の発生状況と「プランクトン速報」[6]をもとに渦鞭毛藻赤潮の発生状況について，表6・1にまとめた．かつては *Karenia mikimotoi* 赤潮がしばしば発生し，漁業被害を出していた．しかし，1990年代に入ると *K.mikimotoi* 赤潮の発生頻度は下がり，*Heterocapsa circularisquama* が新たに赤潮化することになった．この種は，1992年に英虞湾で大発生して以来，しばしば赤潮化してアコヤガイをへい死させ，

表6・1　英虞湾における渦鞭毛藻赤潮の発生状況（1978～2006年）
※各種発生年を○で示す．

|  | 78 79 80 81 82 83 84 85 86 87 88 89 90 | 91 92 93 94 95 96 97 98 99 00 | 01 02 03 04 05 06 |
|---|---|---|---|
| *Gonyaulax polygramma* |  | ○ |  |
| *Heterocapsa circularisquama* |  | ○○○○○○　　○○ | 　○○○ |
| *Heterosigma akashiwo* | 　　　　○ | ○○　　○　　○ | 　○　○○ |
| *Karenia mikimotoi* | 　○　○　　　○○○ | 　　　○ | 　　　　　○ |
| *Noctiluca scintillans* | 　○　○ | 　　　　　　　○ | ○○ |
| *Prorocentrum dentatum* | ○　○　　　○○ | ○○○ | ○○　○ |

真珠養殖業に大きな被害を出した[7]. ただし, H.circularisquama も, 1998 年, 2002 年, 2003 年および 2007 年にはほとんど出現していない.

このように, 渦鞭毛藻の優占種には変化が生じている. 2007 年の夏には過去にあまり確認されていない Gonyaulax polygramma や Chattonela ovata が出現している. また, 2010 年以降, H. circularisquama が再び出現しており, 今後も有害な種の赤潮の発生を警戒しつつ, 監視を続けていく必要がある.

### 1・3 貧酸素水

英虞湾の最も古い記録によると, 1952 年に浜島と立神地先において貧酸素水が確認され, 浜島周辺ではその後 5 年間毎年貧酸素化している[8]. 1956 年には, 船越浦, 片田浦, 立神浦でも貧酸素化し, アコヤガイのへい死が確認されている.

図 6・3 に, 1956 年と 2006 年の貧酸素の発生状況を示す. 近年の調査結果[3]をみると, 1950 年代には貧酸素水が確認されていなかった湾口部でも 1999 年, 2003 年, 2006 年に貧酸素水が確認されている. また, 湾奥部ではほぼ毎年貧酸素化している. 湾央部においても約 6 割の確率で夏季に貧酸素化している. このように, 1950 年代に比べ, 貧酸素水の発生頻度が増加している. 近年においては貧酸素水の発生頻度の増加だけではなく, 発生期間の長期化が問題となっている. 最も貧酸素水が確認される湾奥部においては, 4〜5 ヶ月間も継続して底層が貧酸素化している年も確認されている. さらに, 底層から数メートルにわたり貧酸素化している状態も確認されている.

以上のように, 1950 年代と比較すると近年は貧酸素水の強度 (発生頻度, 発生期間, 厚みなど) が増していると考えられる. また, 2010 年には約 10 年ぶ

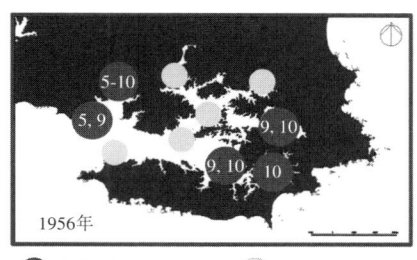

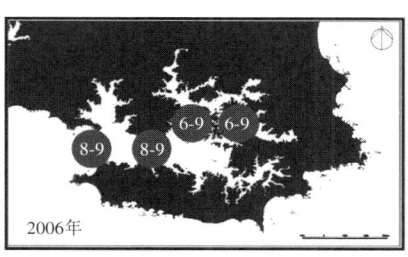

図 6・3 英虞湾における貧酸素水塊の発生状況 (左: 1956 年, 右: 2006 年)

りに湾奥で青潮の発生が確認された．青潮は貧酸素水塊が表層に浮上してきたもので，ベントスだけでなく浮魚類にも被害が及ぶため，生態系への影響が懸念される．

## §2．真珠養殖とその環境への影響

真珠養殖をはじめとする貝類養殖は魚類養殖などと比較すると，無給餌で行うため漁場環境に与える影響は小さいと考えられている．しかし，二枚貝は海水中の懸濁態有機物（植物プランクトン）を摂取し，直下に排泄物を放出する．前述したように真珠養殖密度の高い湾奥部ほど底質の有機物量が高いことからも，真珠養殖による漁場環境の悪化は否定できない．そこで本節では，真珠養殖による環境への影響として，①アコヤガイのろ過摂取，②アコヤガイや筏の付着生物の排泄物，③アコヤガイのへい死，④アコヤガイの体内蓄積と浜揚げおよび⑤貝掃除による影響について整理し，真珠養殖が英虞湾の環境に与える影響について検討した（図6・4）．

### 2・1 アコヤガイのろ過摂取

ろ水量は，珪藻を指標にした間接法で測定することにより把握した．アコヤ

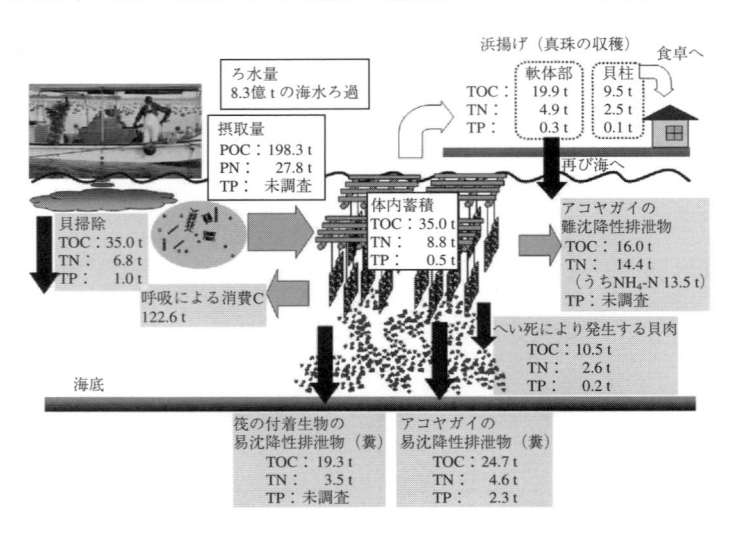

図6・4 英虞湾の真珠養殖に関連する物質の流れ（年間）
　　　文献8）より引用．

ガイの年間ろ水量は，英虞湾の全水量（1.9億t/年）の4.4倍に相当した．単純計算すると，アコヤガイは約3ヶ月間で英虞湾の全海水に相当する海水をろ過していることになる．POC（懸濁態有機炭素）摂取量は198.3 tC/年，そのうち同化量が157.6 tC/年（体内蓄積量35.0 tC/年＋呼吸による消費量122.6 tC/年）であった．PN（懸濁態窒素）摂取量は27.8 tN/年，そのうち同化量が22.3 tN/年（体内蓄積量8.8 tN/年＋アンモニア排泄量13.5 tN/年）であった．これらから，アコヤガイは代謝により同化した炭素の77.8％を二酸化炭素として，また同化した窒素の60.5％をアンモニアとして排泄する計算となる．つまり，アコヤガイは大量の海水をろ過し，懸濁態有機物を多量に摂取することから，海水中の懸濁物濃度の低下および透明度を向上させる作用をもつと考えられる．また，吸収したPOC，PNの多くは二酸化炭素，アンモニアとして海水中に放出することから，海域表層の有機懸濁物が海底へ沈降する前に無機化する作用をもつと考えられる．

### 2・2 アコヤガイや筏の付着生物の沈降性排泄物

アコヤガイと付着生物の糞量はTOC（全有機炭素量）で44.0 tC/年，TN（全窒素量）は8.1 tN/年であった．これらの量は，浜揚げにより英虞湾から系外搬出される貝柱TOC量の4.1倍，TN量の3.2倍に相当した．このことから，英虞湾の真珠養殖は，物質を海域から取り上げる（系外搬出）よりも海底に沈降させる方向に大きく作用していることが定量的に明らかになった．

アコヤガイの糞は，静水中を40 m/時間以上の速度で沈降するといわれている[8]．別海域ではあるが，表層の珪藻およびその遺骸からなる懸濁粒子の沈降速度は0.34〜2.9 m/日であるとの報告がある[9]．このことから，アコヤガイは吸収できなかった懸濁物を糞の形にし，300倍以上もの速度にして海底に沈降させていると考えられる．また，筏の付着生物の代表種であるマガキの糞も，静水中を14.4〜64.8 m/時間で沈降し[10]，アコヤガイと同等の沈降速度を示す．したがって，アコヤガイや筏の付着生物は海水中の有機懸濁物を集積し糞の形に変え，筏周辺の海底に極めて短時間で沈降させる作用をもつと考えられる．

### 2・3 アコヤガイのへい死

へい死によるアコヤガイ貝肉の海底への沈降量はTOC量で10.5 tC/年，TN量は2.6 tN/年であった．貝肉は死亡し貝殻から脱落後，比較的速く海底に沈降

すると推測される．へい死により発生する貝肉量はアコヤガイの排泄物量の約1/2に相当した（図6・4）．アコヤガイが死亡すると，生前に体内蓄積してきた有機懸濁物を筏周囲の海底に短時間で沈降させることになるため，アコヤガイや筏の付着生物による排泄物同様，物質の局所化作用をもつと考えられる．近年，アコヤガイの大量へい死が有害プランクトンの赤潮[7]や赤変病[11,12]により度々起こっている．大量へい死は，一度に多くの貝肉を海底へ沈降させるため，アコヤガイの排泄物量の何倍もの有機負荷を筏周辺の海底にかけることが容易に推測される．

### 2・4 アコヤガイの体内蓄積と浜揚げ

アコヤガイが海水をろ過し，有機懸濁物を体内に蓄積することは，有機懸濁物を沈降させずに海域表面に留まらせるため，海底に対する負荷を減少させる作用があると考えられる．アコヤガイの体内蓄積量は，排泄物量よりも多い（図6・4）．真珠養殖がなければ，海底には現在よりもさらに多くの負荷がかかると推測される．一方，浜揚げにはアコヤガイの体内蓄積した物質を陸に取り上げる作用（系外搬出）がある．しかし，真珠収穫後，貝柱は食用となり地元で消費されるものの，貝柱量の約2倍ある軟体部は現在のところ未利用資源となっている．そのため，浜揚げされた貝肉のうち軟体部は，その多くが再び海に投棄されている[13]．浜揚げによるアコヤガイ貝肉の取り上げ量は貝柱としてTOC量で9.5 tC/年，TN量は2.5 tN/年であり，再び海域へ戻る軟体部はTOC量で19.9 tC/年，TN量は4.9 tN/年であった．浜揚げされた軟体部量は，アコヤガイの排泄物と同等量に相当し，これらが急速かつ局所的に海底に沈降することから，現在の浜揚げ方法では，軟体部がアコヤガイの排泄物よりも直接有機負荷としてさらに局所的に海底へ蓄積させる作用をもつと考えられる．

### 2・5 貝掃除

貝掃除による海底への沈降量はTOC量で35.0 tC/年，TN量は6.8 tN/年であった．貝掃除から出る排水がそのまま海に流出した場合，その排水による負荷量は，真珠養殖に関連する海底への推定負荷量の中で最も多い結果となった（図6・4）．貝掃除による海底への負荷量は，アコヤガイと筏の付着生物の排泄物量とほぼ同等の量であり，貝掃除も有機物を海底へ蓄積させる作用を強めるものと考えられた．

以上のことから，英虞湾で真珠養殖が行われ，海域表面に垂下された多くのアコヤガイが多量の海水をろ過し，成長することは，英虞湾全体で見ると，海底へ沈降するはずであった有機懸濁物量を減少させる作用があると考えられる．一方，アコヤガイは摂取した懸濁物のうち吸収できなかったものを，糞の形で急速に海底へ沈降させる．筏の付着生物についても同様である．また，へい死により発生する貝肉も貝殻から脱落後，比較的速く海底に沈降すると推測される．貝掃除から出る排水もそのまま海に放出すると，多量の物質を海底へ沈降させることになる．そして，真珠養殖に関連する物質の流れの中で，唯一英虞湾からの系外搬出となる浜揚げも，現在のところ貝柱を除き海底への負荷となる．したがって，現在の真珠養殖は海中の懸濁物を集積し，筏周辺の極めて狭い範囲に物質を局所的に沈降させ，底質を悪化させていると考えられる．そして，ベントスはじめ底質の生態系に悪い影響を与えると考えられる．

1960年代は真珠養殖の最盛期であり，現在の5倍以上の生産量があった(図6・1)．その当時，過密養殖状態であったことから，海底への負荷量は現在の何倍もあり，海底の環境を著しく悪化させたと推測される．

## §3. 数値モデルによる環境悪化原因の究明

真珠養殖漁場の環境を改善するため，英虞湾において様々な調査研究がこれまでに実施され，知見の集積がなされてきた．とくに三重県地域結集型共同研究事業は，2003年から2007年の5年間，環境悪化の原因究明と改善策の提案を目標として実施された．その事業の中では，地域の大学，企業，公設試験研究機関などの研究ポテンシャルを結集し[14]，英虞湾内の物質循環を詳細に把握し，数値モデルにより環境悪化のメカニズムを定量的に評価した．本節では，その概要について述べる．

### 3・1 英虞湾環境動態予測モデルの概要

計算には千葉らが開発した「英虞湾環境動態予測モデル」[14]と呼ばれる数値モデルを用いた．このモデルの開発の目的は英虞湾の環境悪化原因を探ることや，干潟や藻場造成など環境改善行為の評価を行うこと，また科学的な真珠養殖管理のために，水質予測データを提供することなどにある．図6・5にモデルの全体像を示すが，詳細は英虞湾物質循環報告書を参照されたい[14]．なお本モデルは3

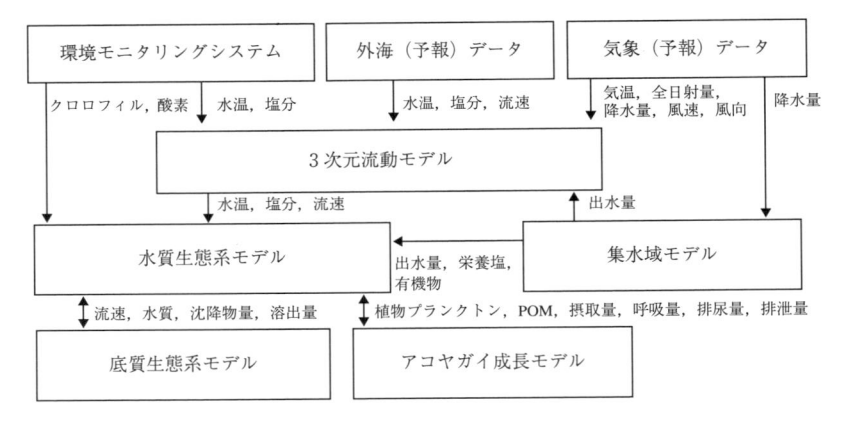

図6・5 英虞湾環境動態予測モデルの概要

次元流動，水質生態系，底質生態系，アコヤガイ成長，集水域の5モデルから構成される．

### 3・2 英虞湾の環境悪化の原因

数値モデルによる解析の結果，環境悪化の主な原因は，①生活排水などの陸域からの窒素リンの流入負荷の増加，②干拓や埋立による干潟や藻場などの有する物質循環機能の低下および，③真珠養殖による海底への局所的な有機負荷であることが示された．

これらの原因が連鎖的に湾奥部の底質を悪化させた可能性が高い．図6・6に湾奥部の底質悪化の負の連鎖図を示す．海底への沈降有機物の増加は海底を嫌気化させ，有機物の除去速度や分解速度を低下させ，より一層有機物をたまりやすくさせたと考えられる．また，貧酸素化や硫化水素溶出による海底のベントス量の減少は，堆積物中の有機物濃度の増加を促進し，貧酸素化や底質悪化を加速させたと考えられる．さらに，*H. circularisquama*などの発生は，海底から溶出する栄養塩をうまく利用できる種であり，これらが優占するようになったため有害赤潮が発生するようになったとみることもできる．その増殖は海域の底層の貧酸素化を助長し，さらなる栄養塩の溶出と底質の悪化を引き起こした可能性がある．このような負の連鎖現象が，湾奥部で生じたため，底質を現状まで悪化させてきたのではないかと考えられた．

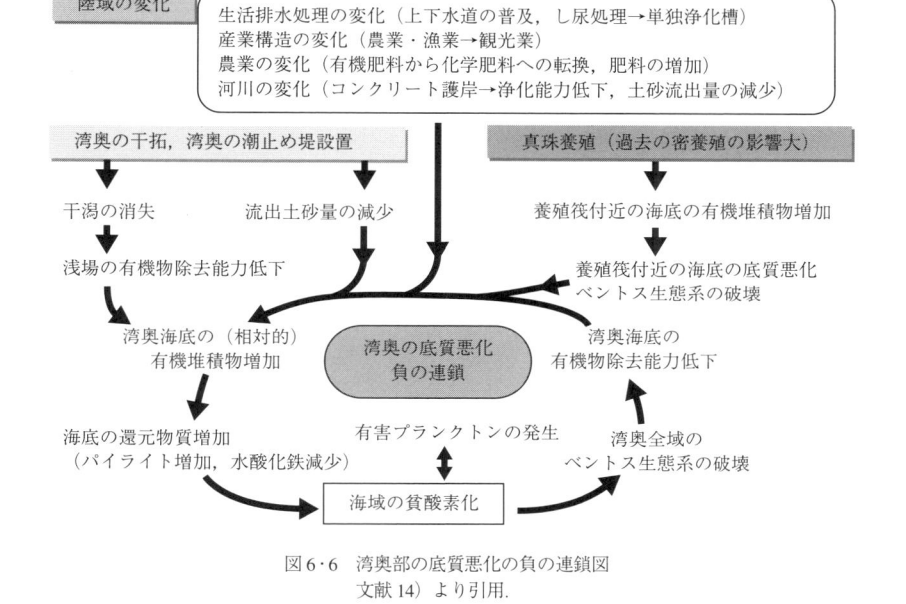

## 図6·6 湾奥部の底質悪化の負の連鎖図

**陸域の変化**
- 生活排水処理の変化（上下水道の普及，し尿処理→単独浄化槽）
- 産業構造の変化（農業・漁業→観光業）
- 農業の変化（有機肥料から化学肥料への転換，肥料の増加）
- 河川の変化（コンクリート護岸→浄化能力低下，土砂流出量の減少）

**湾奥の干拓，湾奥の潮止め堤設置**
- 干潟の消失
- 流出土砂量の減少
- 浅場の有機物除去能力低下
- 湾奥海底の（相対的）有機堆積物増加
- 海底の還元物質増加（パイライト増加，水酸化鉄減少）

**真珠養殖（過去の密養殖の影響大）**
- 養殖筏付近の海底の有機堆積物増加
- 養殖筏付近の海底の底質悪化
- ベントス生態系の破壊
- 湾奥海底の有機物除去能力低下
- 湾奥全域のベントス生態系の破壊

湾奥の底質悪化 負の連鎖

有害プランクトンの発生 ― 海域の貧酸素化

図6·6 湾奥部の底質悪化の負の連鎖図
文献 14) より引用．

## §4. 英虞湾における環境改善の取り組み状況

これまでの英虞湾の研究成果を活用し，地元関係者らが連携して環境改善へ向けた取り組みを始めている．本節では，主な取り組みについて述べる．

### 4・1 漁業者と連携したモニタリング体制

英虞湾内で発生する貧酸素水塊や有害赤潮については，リアルタイムのモニタリングと情報伝達体制を構築することで海況を詳細に把握し，漁業被害の軽減回避を図っている．その一つとして，水質自動モニタリングシステムがあげられる[14]．このシステムは，1時間ごとに1m間隔で水質（水温，塩分，溶存酸素，クロロフィル，濁度）を連続観測するブイを海域に設置し，観測データを統合して，インターネットを通じて，パソコン（http://www.agobay.jp/agoweb/index.jsp）や携帯電話（http://www.agobay.jp/agoweb_i/index.jsp）から水質状況をリアルタイムに把握することができる．このブイを真珠養殖漁場である英虞湾に2基，避寒漁場である五ヶ所湾に1基，仕上げ漁場である的

矢湾に1基それぞれ設置し，情報発信を行っている．口絵1に自動モニタリングシステムから閲覧できる溶存酸素濃度とクロロフィルa濃度の経時変化を示す．このように，リアルタイムで情報が得られるだけでなく，過去に遡って，視覚的にわかりやすく閲覧することも可能である．このシステムから得られた情報は，真珠養殖業者が貧酸素水や有害赤潮を回避するだけでなく，挿核手術や貝掃除の時期など，養殖管理にも活用することが可能となっている．

さらに，各地先の真珠養殖業者と関係市町村が連携して採取した水質情報を三重県水産研究所が集約することにより，「プランクトン速報」や「赤潮情報」という形で定期的に情報発信を行っている．以上のようなモニタリング体制を開始した1993年以降，赤潮による漁業被害件数は大幅に減少している．

### 4・2　真珠養殖による環境負荷軽減の推進

貝掃除の洗浄排水による負荷や，浜揚げ後の貝肉の廃棄による負荷を低減するための取り組みを始めている．貝掃除の排水にナイロン製のネットを装着することや，浜揚げ時の貝肉をなるべく取り上げて陸上処理するといった海域への負荷量を減らすための活動が進められている．真珠養殖業者は環境調和型の真珠養殖業への転換に向けた活動を開始している．詳しくは7章を参照いただきたい．今後，この取り組みが英虞湾内の真珠養殖の現場で拡大することが期待される．

### 4・3　英虞湾内の自然浄化能力の向上に向けた取り組み

海域の環境改善のため，自然浄化能力の増進に向けた取り組みも始まっている．英虞湾の沿岸域では，江戸時代後期から昭和初期にかけて食糧増産を背景に干拓が行われ，70％以上の干潟や藻場が消失している（口絵2）[15]．かつて毛細血管のように入り組んだ湾奥部に存在した干潟は消失し，英虞湾が脳梗塞を起こしているようにもみえる．このような干拓地周辺では，その場に生息する生物が減少するだけではなく，干拓地と海域との間に建設された「潮受け堤防」が陸域と海域との連続性を分断している．堤防の後背地には，陸域から流入した栄養が堆積して富栄養となり，堤防前面の残された干潟は陸域からの栄養が供給されず貧栄養（エサ不足）となっている．そのため堤防の両側において生物層が貧弱になるという現象が起きている．さらに現在では社会情勢の変化とともに干拓地の90％以上が遊休地と化している．このような場所が英虞湾には

485 ヶ所（154 ha）ある．

その沿岸遊休地の潮受け堤防の水門を開放し，地域住民の方々とともに干潟再生を 2010 年より実施している．海水導入前では，ユスリカやカワゴカイなどの汽水性で富栄養化した場所に生育する生物 6 種類しか見られなかった．それが海水導入後には，再生干潟において海水性の生物層に変化し，開始 2 年で 35 種類の生物が見られるようになった．海水導入した干潟は徐々にではあるが干潟本来の機能を回復している．さらに第 2，第 3 の干潟再生の取り組みが実施されている．この干潟再生活動には地元企業が賛同し，CSR（企業の社会貢献）を目的に自社所有の遊休地の再生に着手した．新たに再生された 2 ヶ所の干潟のうち「丹生の池（地元観光企業，合歓の郷所有地）」については，地元志摩市が，もう 1 ヶ所の「大谷浦（地元観光企業，アクアヴィラ所有地）」については，環境省が継続して干潟再生を実施していくことになっている．これらの取り組みには地元住民が参画し，協働して環境改善を進めており，徐々に再生の輪が地域に広がりつつある．

### 4・4 『里海のまち志摩市』が取り組む統合的沿岸域管理

行政的には英虞湾全域を包括する地元の志摩市が，これまでの研究成果をより広範な英虞湾再生に活かす取り組みを進めている．2005 年に制定し公表した「志摩市総合計画（2006-2015）」[16] には「三重県地域結集型共同研究事業の成果を活用しつつ，科学的根拠に基づいた英虞湾の自然再生に向けた事業の展開を実施すると位置づけられた．施策の方向としては，英虞湾再生プロジェクトの取り組み成果を有効活用していくため，地域組織ならびに関係機関と連携を図りながら自然再生推進法に基づく地域自然再生協議会の設立に向けて取り組みを進め，自然環境の保全に努めます．」と明記されている．市の総合計画は市議会の議を経た公的なものなので，これは実に大きな一歩といえる．2008 年 3 月には多様な関係者の参加による英虞湾自然再生協議会が設立され，さらに，2010 年 4 月には，「志摩市里海創生基本計画」[17] が策定され，前述した生活排水などの流入負荷の削減をはじめ，沿岸遊休地の干潟再生，真珠養殖作業に伴う負荷の削減などの取り組みが行われるなど，志摩市を中心に英虞湾の環境改善と新しい里海創生によるまちづくりが継続して進められる体制が構築されつつある．

このように，真珠養殖発祥の地，英虞湾では真珠養殖業者をはじめとし，研究者，行政関係者，地域住民が連携して，英虞湾の真の輝きを取り戻すための地盤ができつつある．この取り組みはまだ始まったばかりであり，今後関係者全員が本気になり希望をもちつつ，活動を継続していく必要があるといえる．

## 文献

1) 昭和30年～平成18年度漁業・養殖業生産統計年報．農林水産統計情報部．1956～2007．
2) 三重県の真珠養殖業概況3（2003）．三重県農林水産商工部．2004．
3) 昭和50年～平成17年度英虞湾汚染対策協議会報告書．英虞湾汚染対策協議会・三重県科学技術振興センター．1976～2007．
4) 水産用水基準（1995）．日本水産資源保護協会．1995．
5) 阿児町史．阿児町．1977．
6) 平成5年～平成17年三重県沿岸域に発生した赤潮．三重県水産研究所．1994-2006．
7) 松山幸彦，永井清仁，水口忠久，藤原正嗣，石村美佐，山口峰生，内田卓志，本城凡夫．1992年に英虞湾において発生したHeterocapsa-sp・赤潮発生期の環境特性とアコヤガイへい死の特徴について．日水誌 1995; 61: 35-41．
8) 渥美貴史，増田 健，山形陽一．真珠養殖とその環境への影響．海洋と生物 2008; 335-340．
9) 細川恭史，三好英一，関根好幸，堀江 毅．内湾における有機微細粒子の沈降速度の実測．海岸工学論文集 1988; 372-376．
10) 楠木 豊．カキ養殖漁場における漁場悪化に関する基礎的研究．広水試研報 1995; 11: 1-93．
11) 黒川忠英，鈴木 徹，岡内正典，三輪 理，永井清仁，中村弘二，本城凡夫，中島員洋，芦田勝朋，船越将二．外套膜片移植及び同居飼育によるアコヤガイ Pinctada fucata martensii の閉殻筋の赤変化を伴う疾病の人為的感染．日水誌 1999; 65: 241-251．
12) 永井清仁．低水温漁場を用いたアコヤガイの病害被害軽減方策．日水誌 2004; 70: 674-677．
13) 植本東彦，山村 豊．真珠養殖における排出物量．国立真珠研究所資料 1978; 5: 45-49．
14) 英虞湾物質循環研究調査報告書．三重県．2008．
15) 国分秀樹，奥村宏征，松田 治．英虞湾における干潟の歴史的変遷とその底質，底生動物への影響．水環境学会誌 2008; 31（No.6）: 305-311．
16) 志摩市総合計画．志摩市．2006．
17) 志摩市里海創生基本計画．志摩市．2011．

# 7章　養殖廃棄物の高度化利用による環境負荷低減

前山　薫[*1]・永井清仁[*2]

　真珠は生物が作る唯一の宝石であり，かつてそれは偶然の産物であった．しかし，1893（明治26）年に日本において世界で初めて真珠の養殖に成功し，その後産業規模で宝石としての真珠が生産されるようになった．水産業の中に宝石という新たなカテゴリーが加わった元年でもある．

　戦後，真珠産業は急速に成長していくが，真珠生産量の増加とともに，漁場環境の悪化が問題視されてきた．その一因には，過密養殖や養殖過程において排出される様々な廃棄物によるものがある．とくに真珠が収穫される浜揚げ工程では大量の貝肉や貝殻などが排出される．その大量に排出される廃棄物が適正に処理されることは産業の存続と発展には重要な課題である．また，真珠養殖においては，漁場はもちろんその周囲における良好な自然環境が不可欠な要素である．森林や陸上から流入するリンや窒素などの栄養源により海中の植物プランクトンが増加し，真珠貝はその植物プランクトンを栄養に成長する．しかし，過剰な栄養源や海の浄化力を越える真珠貝の過密養殖は，海の環境を悪化させ，赤潮の発生や貧酸素化を起こす要因にもなる．そうしたことから近年，漁場を取り巻く自然環境の保全が強く意識されるようになってきている．

　一方，地球規模での環境活動の中に，循環型社会への取り組みとしてゼロ・エミッション（Zero emission）活動が提案されている[1,2]．ゼロ・エミッションとは，自然界に対する廃棄物排出ゼロとなる社会システムのことで，産業により排出される様々な廃棄物・副産物について，他の産業の資源などとして再活用することにより社会全体として廃棄物をゼロにしようとする考え方のことである．本章では，真珠養殖により排出される産業廃棄物を高度化利用して廃棄物量を低減させる環境負荷低減を目指したゼロ・エミッション活動について，一つの事例を紹介するとともに，この活動を真珠養殖の中に組み込むことで，真

---

[*1] 御木本製薬株式会社
[*2] 株式会社ミキモト真珠研究所

珠養殖そのものが自然に優しい環境再生に繋がっていく可能性を述べる．なお，日本の各地で行われている真珠の養殖の母貝は主としてアコヤガイ *Pinctada fucata* であるので，以下はアコヤガイの事例を中心にする．

## §1. 真珠・真珠貝の利用の歴史

　真珠・真珠貝は，古くから世界各地で美や健康，長寿をもたらす薬として珍重されてきた．中国では，明の時代，道教の教えで真珠は仙人になるための薬として用いられた．動植物や鉱物の利用を記した『本草綱目』には目，耳，肝臓の機能を改善する効能が記載されている[3]．紀元前後から8世紀頃のインドの文献は，真珠は目の病気，解毒，肺の病気や憂鬱症に効果ありと記されている．アラビア医学では弱り目，動悸，ふるえ，憂鬱，出血に効くと記されている．中世ヨーロッパでは，真珠や他の宝石の魔術的な力が学問上でも真剣に考えられており，真珠は薬品として非常に重要な位置にあり，中でも特殊な処方で作られた「アクア・ベルラータ」は死者をも甦らせるほどの驚異的な効力を発揮する秘薬だったといわれている[4]．日本では，中国の本草学の影響で，真珠は眼病や気付けなどの治療薬として用いられ，「真珠散」，「真珠丸」が知られている[5]．このように真珠は伝承医学の薬として世界各地で用いられ，装飾品としての用途とは異なる利用の歴史が数多く伝えられている．

　以上は，天然真珠を「偶然の産物として珍重する」という高度化利用であった．しかし，真珠養殖技術が確立され，養殖真珠の生産が産業化されると，その事情が激変した．すなわち，大量の真珠が養殖で得られるようになった一方で，真珠収穫時に真珠貝の貝殻や貝肉なども余剰物として大量に発生してきたのである．これら余剰物の最初の利用も，真珠養殖発明者の御木本の考案によるカルシウム製剤であった．その後，本草綱目を参考に，真珠成分の有用性が研究され，現在は以下に記載する「§2. 真珠・真珠貝から学ぶ高度化利用」に示すような利用がなされてきている．さらには「§3. 真珠養殖におけるゼロ・エミッションの取り組み」に示した最終利用を実現することにより，口絵3に示したゼロ・エミッション構想の実現に取り組んでいる．以下にその実践例を示す．

## §2. 真珠・真珠貝から学ぶ高度化利用

　日本の各地で養殖されている真珠養殖用母貝は，主にアコヤガイであるが，ホタテガイやアワビなどの食用の貝類とは異なり，真珠と，貝柱が食用とされるだけで，その他の貝肉および貝殻など大半の部位は不要物となり廃棄されている．このうち，アコヤガイの貝殻は，特有の輝きを利用した螺鈿細工などの素材として工芸品に用いられるほか，1942（昭和17）年に製法特許が出願され，カルシウムを主剤としたサプリメントとして利用されている[6]．

　このようなアコヤガイの高度化利用を考えるには，真珠・真珠貝から学ぶ視点に立つことが重要である．すなわち，アコヤガイの生理機能，生物学的特徴を理解し，アコヤガイ固有の特徴を見出し，さらに，それらの特徴が人々に対して有益であることを見出せれば高度化利用への道は開ける．

　一方で，真珠の効用については，先述したように長い歴史の中に伝承医学の中でいい伝えられてきた．その真偽を最新科学の視点で紐解き，その説を検証すれば，習俗的な利用から科学的に裏付けのある高付加価値素材へ変えることができる．

　真珠は，適切な管理の下では，長い年月を経過してもヒビ割れたり，崩れたりすることなく輝き続ける宝石である．正倉院宝物殿には，約770年以上前の真珠細工が保管されているが，その真珠は今も美しい輝きを維持している[7]．1989（平成元）年には，正倉院宝物（真珠）の材質調査が実施され，和田，赤松らによる成分分析から装飾品に用いられている真珠の母貝はアコヤガイと特定された．外観観察から，真珠表面のタンパク質は劣化がみられるが，真珠特有の条線模様が残っていることが確認されている．この真珠の輝きは，真珠層にみられる炭酸カルシウムと有機基質を主成分とする独特の積層構造によるもので，層間を接着する約5％のタンパク質（コンキオリン）が構造を強固にし，一定の水分量を保持することで真珠を乾燥から守ってきたことが推察される．すなわち，このタンパク質が長年の真珠光沢の維持に重要な役割を担っていたことが判る[8]．

　真珠層は，まずタンパク質が薄いシート状で，しかも袋状に形成され，その袋の中にカルシウムが供給され，濃縮されて薄片アラゴナイト結晶を形成していると推測されている[9-11]．それらが何層にも重層されて真珠となる．真珠表面

に（真珠層に）上方から光を当てると，真珠層内部の結晶薄膜によって光の干渉が生じ，その光学特性により真珠特有の輝きを放つ．

また，この真珠層を粉砕した粉末は，カルシウム結晶化に関与するタンパク質（Calcium-Binding Protein）であるコンキオリンを含有するため，体内への吸収性に優れたカルシウム素材として健康食品などの用途として利用されているが，現在も科学的な吸収データの蓄積[12]や，より効率的な生産方法の改良が行われている[13]．一方，真珠層中のコンキオリンが化粧品原料として用いられている．このコンキオリンは，複数のタンパク質集合体で構成された巨大分子量の構造体であるが，この構造体をアミノ酸および任意の大きさのペプチドにまで加水分解することで，「人」の皮膚に有用な化粧品用湿潤剤を得ることに成功している[14]．

人の皮膚は表皮と真皮から構成され，身体の最外層を覆う表皮は，約 0.2 mm の厚さである．その表皮は，図 7・1 に示すように外側から角層，顆粒層，有棘層，基底層で構成され，皮膚を外部からの刺激から守る保護機能，体温調節，知覚，汗の分泌などをつかさどる重要な器官である．最深部の基底層で細胞が産まれ，28 日で最外層の角層となり，最後は垢となって剥離される．途中，有核細胞から無核細胞に移る過程で，皮膚の潤いを維持させる成分として，天然保湿因子（Natural Moisturizing Factor：以下 NMF と略す）が生成される．他にも，それぞれの層では健康な皮膚の維持のために，いくつものタンパク質遺伝子が発現している[15]．

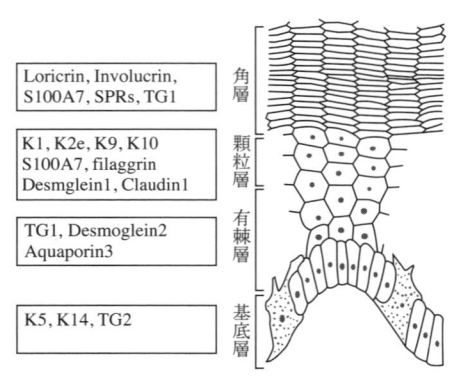

図 7・1　皮膚模式図と主要発現遺伝子

角層：Loricrin, Involucrin, S100A7, SPRs, TG1
顆粒層：K1, K2e, K9, K10 S100A7, filaggrin Desmglein1, Claudin1
有棘層：TG1, Desmoglein2 Aquaporin3
基底層：K5, K14, TG2

真珠層中のコンキオリンのアミノ酸組成と「人」の皮膚中に存在する NMF のアミノ酸組成を比較すると両者はよく類似する．皮膚の NMF は加齢に伴い減少し，その最外層にある角層において水分を貯留する能力が低下する．そのため，皮膚は乾燥による肌荒れを引き起こすことがある．加齢に伴い不足する NMF を補充するため

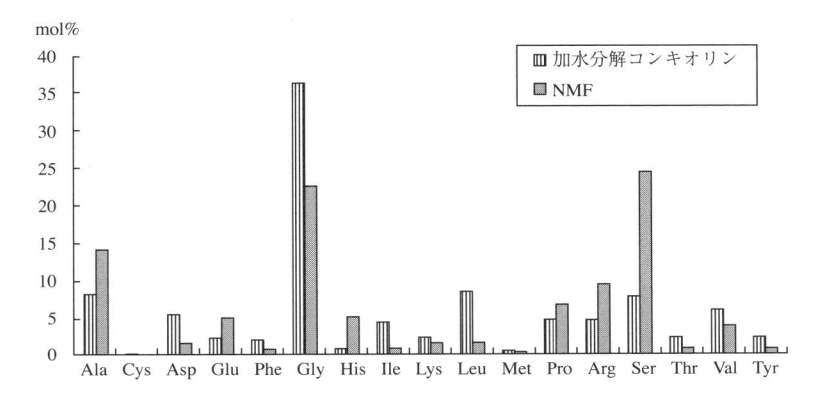

7章　養殖廃棄物の高度化利用による環境負荷低減　*91*

図7·2　真珠コンキオリンとNMFのアミノ酸組成の比較

に，近似のアミノ酸組成を有するコンキオリン加水分解物を皮膚に塗布することで，皮膚に必要な保湿機能を補うことで乾燥を予防することができる（図7·2）．

一方，NMFは，まず人の皮膚の角層より深部の有棘層から顆粒層で作られるケラトヒアリン顆粒の中にフィラグリンというタンパク質が産生され，このフィラグリンが角化とともに徐々に分解されることで作られる．このNMFの素となるフィラグリンの遺伝子発現量を，コンキオリン加水分解物が濃度依存的に上昇させることが確認されている（図7·3）[16]．この結果は，NMF産生の促

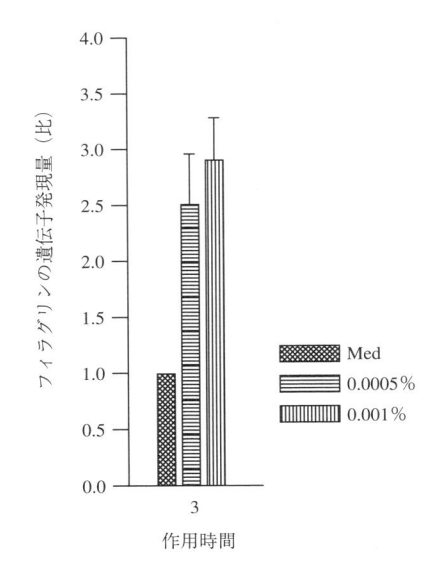

図7·3　コンキオリン加水分解物添加によるフィラグリン遺伝子発現量

進と，皮膚内部からのNMF供給の向上を示唆する．すなわち，コンキオリン加水分解物は，皮膚に塗布することで皮膚の内外から保湿力を高め，高機能な保湿剤としての高付加価値化が実現されている．

他方，炭酸カルシウムを主成分とするミネラルは，ヒト皮膚の最外層を形成するケラチノサイトに作用させると，皮膚の角化に関与するロリクリンやS100A7遺伝子の発現を有意に高めることが示されている（図7・4）[17,18]．これらの成分は，健常な皮膚形成を促す作用が期待され，化粧品の皮膚保護剤として利用されている．

また貝肉部にはグリコーゲンが多量に含有されており，浜揚げ時期の冬季にはその含有量はピークとなる[19]．グリコーゲンは，これまでにも化粧品に配合され，保湿性を向上させる試みがなされている[20,21]．ま

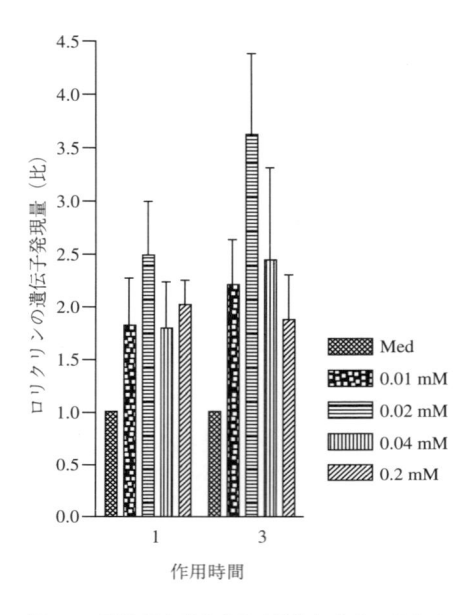

図7・4 真珠層由来ミネラル添加によるロリクリン遺伝子発現量

た，Lobitz et al.[22]は皮膚が紫外線などにより刺激を受けると上皮細胞中でグリコーゲンの生合成が盛んになると報告しており，グリコーゲンには皮膚修復機能を促進する効果が期待される．貝類では，フランスにおいてムラサキイガイ *Mytilus galloprovincialis* のグリコーゲンが化粧品素材として開発された例があり，その後，アコヤガイのグリコーゲンでも化粧品原料としての検討がなされた．ゲルろ過クロマトグラフィーを用いた測定から，200 kDaと23 kDaのそれぞれαおよびβ粒子の大小2タイプの存在が示唆されている．β粒子はα-1,4-グルカンの糖鎖結合で，よりサイズの大きいα粒子を形成する[23]．α粒子はβ粒子が十数個あるいはそれ以上集合したものと考えられているが，アコヤガイのグリコーゲンも同様の構造であると考えられている．これらの構造が優れた保湿性能を発現しているものと考えられ，化粧品の保湿剤として利用されている[24-26]．

また，貝殻形成に関与する外套膜には約20％のコラーゲンが含まれている．これまでの研究から，アコヤガイ由来のコラーゲンは牛や馬由来のコラーゲン

とは分子構造が異なり，3本のα鎖からなる右巻き3重らせんのI型トリマー構造を形成することで，アコヤガイ由来コラーゲンの構造がより柔軟であることが示唆されている．その特性は，アコヤガイが水棲生物の中でも温暖海域に生息するためと思われる．牛や豚などの高体温を有するほ乳動物由来のコラーゲンに比べると熱変性温度は低いが，他の海洋生物由来コラーゲンとして汎用されるサケ類，サメ類，マグロ由来のものに比べ，熱変性温度が高い傾向にある．その結果，海洋生物由来コラーゲンの中で比較すると構造安定性が有意に高い（図7・5）．その特性により，皮膚上での水分を保持させる力が維持され，高い保湿性能で持続させることができる（図7・6）[26]．

また，貝肉中の脂質からは人間の皮膚の細胞間脂質成分でもあるリン脂質，糖脂質，コレステロール，セラミドなどが抽出され，皮膚の保護を目的とする機能性油剤として利用されている[25, 27-29]．中でも，アコヤガイ軟体部に含まれるリン脂質は，全脂質の27％の割合で存在し，化粧品用として汎用される市販の水素添加大豆由来リン脂質と同等の界面張力低下能が確認されている[25]．その結果，化粧品用の界面活性剤として使用できることが示されている．また，コレステロールやセラミドは，皮膚のNMFの構成成分でもあり，加齢によるNMFの低下を補助する皮脂類似成分（油分）として有効である．

以上，真珠・真珠貝から学ぶ視点に立った高度化利用に向けた取り組みと具体例を紹介した．現在も多くの研究者が真珠について様々な視点から鋭意研究し，中でもアコヤガイの全ゲノム解読を始め，真珠の形成メカニズムの解明が進みつつある[29-31]．しかしながら，真珠の形成メカニズムにはまだまだ未知のところが多く，全容解明には至っていない．今後の研究で，真珠形成において重要なカルシウム運搬および結晶化の制御メカニズムが明らかにされることで，人間の骨粗しょう症の治療，歯の治療，皮膚形成に役立つ成分の開発など，幅広い分野への応用が期待される．

このように，真珠形成メカニズムの解明は，宝石としての真珠とは異なる視点で人々の健康に役立つ製品の開発に繋がるものと期待される．

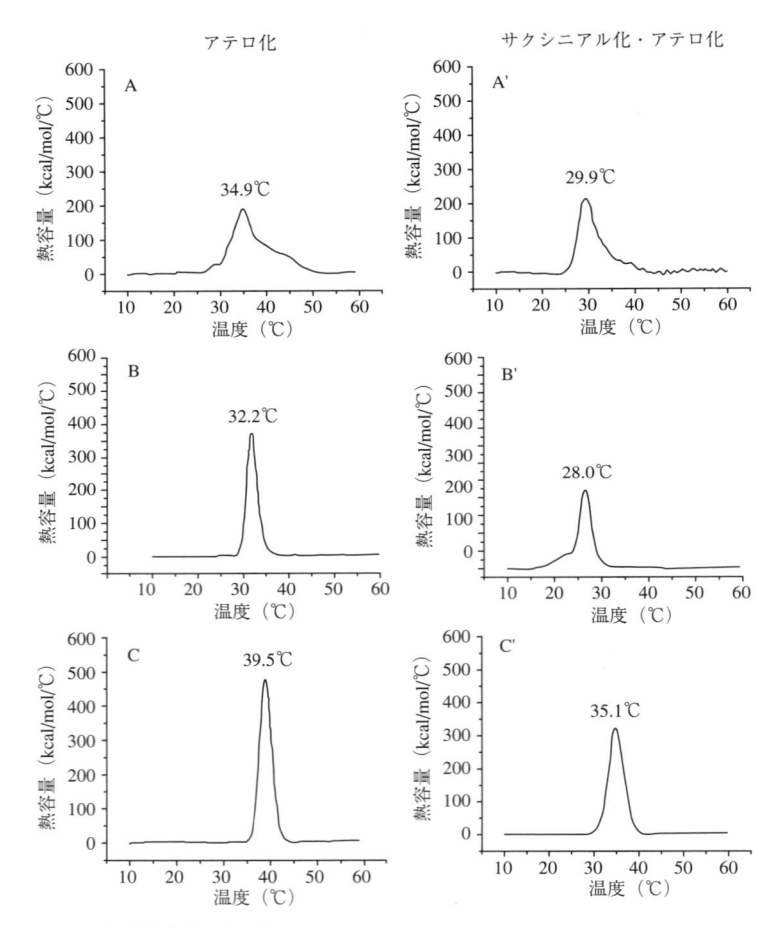

A：アコヤガイ由来コラーゲン
B：マグロ皮由来コラーゲン
C：豚由来コラーゲン

図7・5　コラーゲンの示差走査熱量測定結果

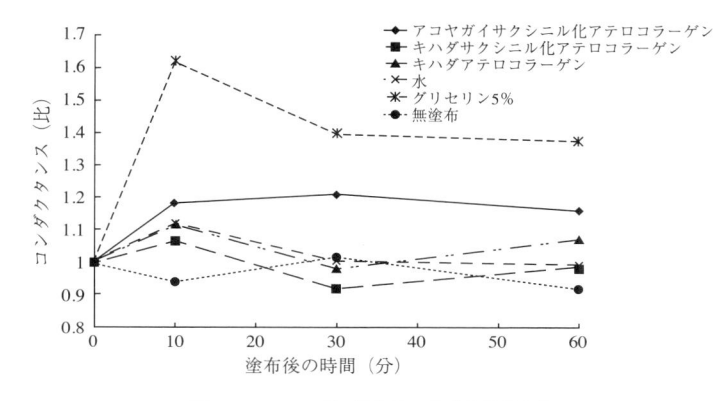

図7・6 コラーゲン塗布時の皮膚水分量変化

## §3. 真珠養殖におけるゼロ・エミッションの取り組み

　真珠とアコヤガイが，化粧品や健康食品などに高度化利用された後にも多くの残渣が出る．また，真珠養殖中においても養殖貝に多くの生物が付着する．これらの付着物は養殖管理の過程で貝を洗浄したときに除去されるが，この際にも大量の貝掃除屑が発生する．さらに先述のように，浜揚げ時においても大量の貝殻や貝肉が排出される．これらの不要物の活用化は，真珠養殖において大きな課題である．これらの大量に排出される不要物の活用化の実施事例を紹介する．

　浜揚げ時に出る貝肉や高度化利用後の残渣などの廃棄物は，堆肥（以下，コンポストと称す）として用いられる．アコヤガイ貝肉は，海水由来の塩分を含むが，一般的に塩分は植物の発芽や生長を阻害することが知られている[32]．そこで，アコヤガイ貝肉を原料として製造したコンポストを用いて実用化の可能性を検討した．浜揚げした貝から貝殻と貝柱を取り除いた貝肉に，等量の海水を加えてミキサーで粉砕して真珠を採取した後，粉砕貝肉を回収した．これに容量比40％の割合でイナワラ，モミガラなどの副資材を加えてコンポスト原料とした．この原料を堆積し，2週間に一度切り返しを行いながら，90日間処理した．以上のコンポスト製造の流れを図7・7に示す．貝類を用いたコンポストでは，ホタテガイ *Mizuhopecten yessoensis* やムラサキイガイおよびイカ類での研究例

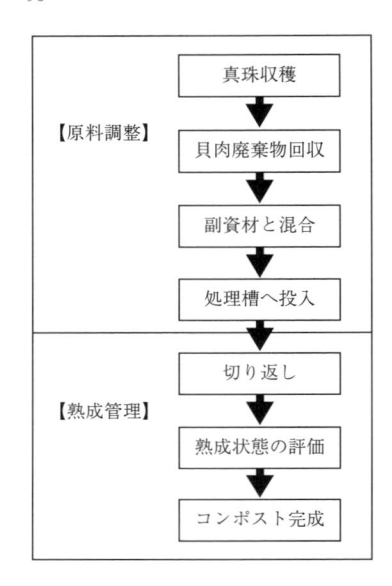

```
【原料調整】
  真珠収穫
    ↓
  貝肉廃棄物回収
    ↓
  副資材と混合
    ↓
  処理槽へ投入

【熟成管理】
  切り返し
    ↓
  熟成状態の評価
    ↓
  コンポスト完成
```

図7・7 コンポストの製造方法

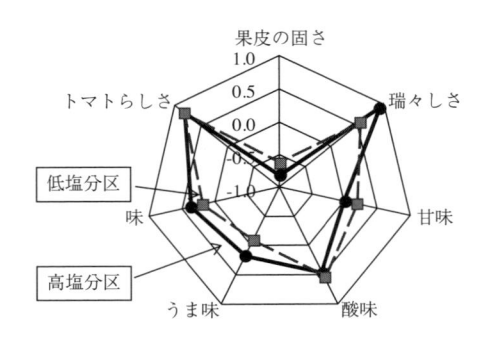

図7・8 コンポスト施肥によるトマトの味覚評価

が知られている[2, 33, 34]. しかし，ホタテガイやイカ類では，カドミウム（Cd）の残留が懸念点として指摘され，こうした廃棄物の肥料，飼料としての有効利用を阻んでいることが報告されている[35, 36]. そこで，アコヤガイにおけるコンポストの堆積3ヶ月後の肥料成分およびカドミウム含有量を確認した．その結果，アコヤガイ貝肉コンポストは，肥料取締法が定めるカドミウム含有量の上限値である 5 mg/kg・dry 以下の基準を満たす安全なコンポストであることが明らかとなった．本コンポストは塩分を多く含むが，塩ストレスによる食味向上が知られるトマト[37]について施肥効果を調べた結果，果実が瑞々しく，うま味や味が濃くなるなど食味の向上が確認されている（図7・8）. さらに，養殖期間中に貝に付着する生物（有機物）は多くのミネラルを含み，貝洗浄時にこれらの付着物を回収し，陸上で貝肉残渣とともにコンポストとして活用することも可能である．

　一方，浜揚げと同時に大量に出る貝殻は，高温で焼くことで均質な焼成カルシウムを得ることができる．この焼成カルシウムを水に分散させると強いアルカリ性を示すことから，天然殺菌剤として利用されている．この焼成カルシウムの製造は，養殖途上で発生する死貝処理でも利用されている．また，貝殻は粉砕して土壌改良剤としても利用されている．

　これらの真珠養殖過程で排出される不要物の活用は，海と養殖が共存できる

持続可能な産業の仕組みの一つとして提案したい[38]．

## §4. 総括

一連の過程を経て得られたコンポストや土壌改良剤は，有機物のほかに塩分を含有しミネラル分が多い特徴をもち，施肥することで果菜類などの食味向上に効果がある．こうした特徴を有するコンポストは，各養殖現場で簡易に作出でき，地域産業と連携して様々な場面での活用が期待される．

海の栄養成分は，アコヤガイや真珠を育み，真珠は宝石として人間に夢と幸福感を与えるとともに，規格外の真珠や貝殻は工芸品，そして軟体部・貝肉は化粧品や機能性食品として高度化利用できる．最後に残った部分はコンポスト化されて，いずれも人間をはじめとする陸上生物に利用され，すべてが有用に活用される（口絵3）．

真珠養殖の持続と発展には，自然との共存が不可欠であり，常に環境に対しての負荷低減意識をもち，それに伴う行動が必要である．一般的に，環境保全の取り組みでは，主催者側の一部に偏った労力負担や費用発生を生じてしまうことが多く，持続的かつ発展的に，環境循環サイクルを回し続け，社会に定着させていくことは難しい．環境活動の定着と発展には，社会全体の意識構造を変えていくと同時に，負担が一部に偏らない仕組みの中での運用が必要である．このような地球上の環境循環サイクルの取り組みは，地球環境という大きな視野の中で，分野を越えた企業連携活動や地域活動が重要で，資源循環型社会のコンセプトであるゼロ・エミッションに向けた活動が今後ますます重要になると考える．ゼロ・エミッションへの取り組みには，当該地域の人々や企業などが自然保護活動に加わろうとする心の広さが大切である．かかわる人々すべてに，その恩恵が分け与えられることで，取り組みへの負担は喜びへと変えることができるのではないだろうか．

この章で紹介したゼロ・エミッションへの試みは，持続可能な仕組みを構築して運用されている．すなわち，養殖廃棄物が高度化利用され，かかわる人々が廃棄物との認識から，貴重な資源（素材）としての認識に，意識変化した中で取り扱われていることである．このように，人々に負担なく受け入れられていることが成功の秘訣である．

## 文献

1) Suzuki M. *New Environmental Technologies for Sustainable Growth*. JSPS, 1995.
2) 坂口守彦, 高橋是太郎.「農・水産資源の有効利用とゼロエミッション」恒星社厚生閣. 2011.
3) 木村康一.「新註校訂国約本草綱目　第11冊」春陽堂書店. 1976; 79-85.
4) Kunz GF, Stevenson CH. *The Book of the Pearl*. MacMillan. 1908; 308-315.
5) 窪寺恒己.「パール」展－その輝きのすべて. TBS. 2005; 158-159.
6) 岩狹興二郎, 高岡齊.「燐酸カルシウム剤の製法」1943; 特公昭 18-776.
7) 松月清郎. 宝物真珠の材質調査報告. 正倉院年報 1992; 14: 21-32.
8) 和田浩爾, 赤松蔚, 松田泰典. 宝物真珠の材質調査報告. 正倉院年報 1992; 14: 1-20.
9) Checa A. A new model for periostracum and shell formation in Unionidae (Bivalvia, Mollusca). *Tissue Cell*. 2000; 32: 405-416.
10) Cusack M, Freer A. Biomineralization: Elemental and organic influence in carbonate systems. *Chem. Rev*. 2008; 108: 4433-4454.
11) Marin F, Luquet G, Marie B, Medakovic D. Molluscan shell proteins: Primary structure, origin, and evolution. *Curr. Top. Dev. Biol*. 2007; 80: 209-276.
12) Hall TC, Lehmann H. Experiments on the practicability of increasing calcium absorption with protein derivatives. *Biochem. J*. 1944; 38: 117-119.
13) 下村肇, 中西孝.「アコヤ貝真珠層粉末を得る方法」2002; 特開 2002-338430.
14) 中井信行.「化粧品原料の製造方法」1989; 特開昭 62-223104.
15) 山本明美. 角化異常症と辺縁帯の異常. 電子顕微鏡 2000; 35: 215-220.
16) ニヨンサバフランソワ, 小川秀興, 岡本暉公彦, 前山薫, 服部文弘.「皮膚角化促進剤」2010; 特開 2010-105925.
17) Niyonsaba F, Hattori F, Maeyama K, Ogawa H, Okamoto K. Induction of a microbicidal protein psoriasin (S100A7), and its stimulatory effects on normal human keratinocytes. *J. Derm. Sci*. 2008; 52: 216-219.
18) ニヨンサバフランワ, 岡本暉公彦, 前山薫, 服部文弘, 小川秀興.「皮膚角化促進剤」2011; 特開 2011-195521.
19) 四宮陽一, 岩永俊介, 河野啓介, 山口知也. 養殖アコヤガイの糖代謝酵素活性および体成分の季節変化. 日水誌 1999; 65: 294-299.
20) 下村健次, 上田清資, 高木啓二, 前真紀.「アコヤ貝由来の化粧料原料」2001; 特開 2001-97845.
21) 藤井政志.「口唇用化粧料」1988; 特開昭 63-290809.
22) Lobitz WC Jr, Brophy D, Larner AE, Daniels F Jr. Glycogen response in human epidermal basal cell. *Arch. Dermatol*. 1962; 86: 207-211.
23) Hata K, Hata M, Hata M, Matsuda K. A proposed model of glycogen particle. *J. Jpn. Soc. Starch Sci*. 1984; 31: 146-155.
24) 加納哲, 青山真弓, 渡辺美絵, 前真紀, 高木啓二, 下村健次, 丹羽英二. アコヤガイ・グリコーゲンの化粧品素材としての利用可能性. 日水誌 2001; 67: 90-95
25) Kanoh S, Maeyama K, Tanaka R, Takahashi T, Aoyama M, Watanabe M, Iida K, Ueda S, Mae M, Takagi K, Shimomura K, Niwa E. Possible utilization of the pearl oyster phospholipids and glycogen as a cosmetic material. In: M. Sakaguchi (ed). *More Efficient Utilization of Fish and Fisheries Products*. Elsevier. 2004; 179-190.
26) 上田清資, 下村健次, 多田貴広, 中山慎也, 加納哲.「医薬品, 医薬部外品, 化粧品および食品」2003; 特開 2003-095854.

27) 山口　宏. アコヤガイのステロール. 日水誌 1987; 93: 497-501.
28) 山口　宏.「化粧品原料の製造方法」1990; 特開 平 02-169509.
29) Watabe S, Maeyama K, Nagasawa H. *Recent Advances in Pearl Research. Proceedings of the International Symposium on Pearl Research 2011*. TERRAPUB. 2012.
30) Kinoshita S, Wang N, Inoue H, Maeyama K, Okamoto K, Nagai K, Kondo H, Hirono I, Asakawa S, Watabe S. Deep sequencing of ESTs from nacreous and prismatic layer producing tissues and a screen for novel shell formation-related genes in the pearl oyster. *PLoS ONE* 2011; 6: e21238.
31) Takeuchi T *et al*. Draft genome of the pearl oyster *Pinctada fucata*: a platform for understanding bivalve biology. *DNA Res*. 2012; 19: 117-130.
32) 苫米地久美子, 吹越公男, 杉浦俊弘, 馬場光久, 小林裕志. 青森県内の生物系未利用資源を活用した法面緑化資材の研究（II）. 日緑工誌 2008; 34: 187-190
33) 川崎　晃, 箭田（蕪木）佐衣子, 三島慎一郎, 駒田充生, 細淵幸雄, 中本　洋, 乙部裕一, 松本武彦, 古館明洋, 柿内俊輔. 有機性廃棄物の施用に伴うカドミウムの農地負荷量と作物中カドミウム濃度への影響. H19 年度農業環境技術研究所研究成果情報. 2007; 24: 36-37
34) 金澤晋二郎. 超高温・好気発酵法による有機性廃棄物の資源化新技術の創生. 平成 13 年及び 14 年度九州大学教育研究プログラム・研究拠点形成プロジェクト（B タイプ（3））研究成果報告書. 2003; 99-127.
35) 栗原秀幸, 新井信太郎, 羽田野六男. ホタテガイ中腸腺中のカドミウム濃度及びその除去法の試み. 北大水産彙報 1993; 44: 39-45.
36) 栗原秀幸, 渡川初代, 羽田野六男. イカ肝臓中のカドミウム濃度及びその除去法の試み. 北大水産彙報 1993; 44: 32-38.
37) 圖師一文, 松添直隆, 吉田　敏, 筑紫二郎. 水ストレス下および塩ストレス下で栽培したトマトにおける果実内成分の比較. 植物環境工学 2005; 17: 128-136.
38) 永井清仁, 樋口恵太, 本城凡夫, 前山　薫, 服部文弘.「堆肥」2011; 特開 2011-084420.

# III. 遺伝子情報による技術革新の展望

## 8章　真珠の品質と真珠袋上皮細胞における遺伝子発現

古丸　明[*1]・佐藤　友[*1]・井上誠章[*2]

　真珠は軟体動物が作る宝石である．ダイヤモンドなどの鉱物とは異なり，真珠は炭酸カルシウムの結晶の周辺にタンパク質を含んでいる．真珠層の構造はレンガとモルタルに例えられる．炭酸カルシウムの結晶はレンガに，結晶と結晶の間を埋める貝殻基質タンパク質はモルタルに相当する．分子生物学的実験手法の開発が進んだこともあり，真珠の成分や結晶形成機構について，様々なことが明らかになってきた[1,2]．アコヤガイゲノム情報が急速に蓄積されてきたこと[3,4]により，真珠形成メカニズムについても知見の蓄積はさらに進むであろう（10章参照）．

　高品質真珠は積み重なった真珠層が厚く，光沢が強く，しかも凹凸がなく真円（球）である．さらに干渉色と呼ばれる光の干渉現象によって生じるピンクやブルーの色が美しく出ていること，核と真珠層の間に黒色，褐色などの色素を含まないこと，真珠層そのものの色（実体色）が茶色，黄色味を帯びていないことなどの条件を兼ね備えている[5,6]．真珠の品質は，体内に真珠核と外套膜を数ミリ角に細切した小片（ピース）を移植する挿核手術の良し悪しや，挿核用のアコヤガイ（母貝）の生理状態，あるいは外套膜片を採取するための貝（ピース貝）の特性，挿核用母貝の遺伝的な特性，さらに養殖期間中の管理法，漁場の環境要因などが複合的に作用し合って決定するのであろう．現在，どの要因がどのように真珠品質を低下させるのかについて多くの知見が蓄積されつつあり，今後挿核技術の改良，育種の効率化につながると考えられる．

　アコヤガイの貝殻は美しい光沢をもつ内側の真珠層と光沢をもたない外側の

---

[*1] 三重大学大学院生物資源学研究科
[*2] 独立行政法人水産総合研究センター増養殖研究所

稜柱層と呼ばれる層から構成されている．この二つの層はいずれも炭酸カルシウムからなるが，結晶構造はまったく異なっている．真珠層は薄い薄膜状の結晶が貝殻表面に対して平行に規則正しく積み重なっているのに対し，稜柱層は比較的太い稜柱状の構造が表面に対して垂直に形成されている．この章では，稜柱層と真珠層の「モルタル」の部分を構成する代表的な貝殻基質タンパク質遺伝子の外套膜とピースにおける発現，さらに真珠袋における遺伝子発現と真珠品質の関連についての研究の一部を紹介したい．

## §1. 真珠層，稜柱層基質タンパク質遺伝子の外套膜とピースにおける発現
### 1・1 真珠の品質と表面構造

はじめに真珠の表面構造の走査型電子顕微鏡による画像を紹介したい．図8・1Aに真珠層真珠の形成過程を示す．水温が高い時期に採集した真珠である．したがって水温が低下して光沢が強くなる時期の真珠の表面とは異なる．小さい点状の結晶がまず結晶の上に形成され，次第に側方に成長し結晶が隙間なく敷き詰められたような状態になる．このような層状構造が積み重なって成長していく．この平滑で規則正しい構造が美しい光沢や干渉色を生む．

一方，真珠光沢のない，しかも表面にまだらに茶色い着色がある商品価値の低い真珠の表面画像を図8・1Bに示した．黒い背景の上に大小様々な不規則な

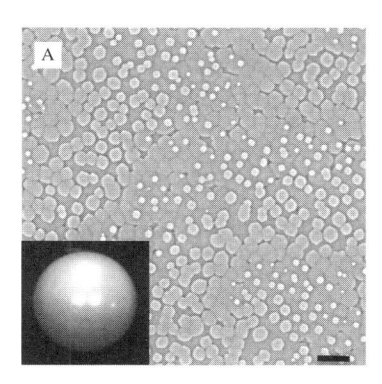

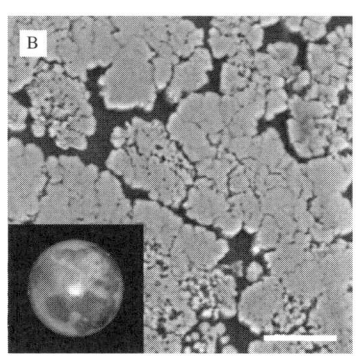

図8・1 真珠品質と真珠表面構造の走査型電子顕微鏡による画像
Aは真珠層真珠，Bは真珠光沢のないシミ珠．それぞれ左下にデジタルカメラによる真珠全体の画像を示した．スケール10μm．

形の結晶が形成されている．真珠層真珠の表面構造とは明らかに異なっている．このように真珠の結晶の構造と品質との間には深い関係がある．真珠層の一層一層の厚さが一定でないと干渉色や光沢は美しくならない．また真珠層の表面が平滑でないと高品質真珠にはならない．ここではまず外套膜において代表的な貝殻基質タンパク質遺伝子の発現を薄切切片の上で観察した結果を紹介する．次に真珠の表面構造と真珠袋における貝殻基質タンパク質遺伝子の発現との関係を調べた結果を紹介したい．

### 1・2　外套膜における貝殻基質タンパク質遺伝子発現

図 8・2 に稚貝の軟体部薄切切片を示した．貝殻に接している側の外套膜外面上皮細胞のみが稜柱層，真珠層形成に関与する（図 8・2A）．外套膜と貝殻の間の狭い空間が貝殻形成の場となる．この部分を満たす外套膜外液は海水とは殻皮で隔てられ，海水や血リンパ液とはイオン組成が異なっている[7]．外套膜の先端部（膜縁部）においては稜柱層が形成され，少し蝶番に近い部位（縁膜部）においては，真珠層が形成される．

In situ hybridization 法（以下 ISH 法）という手法により，実際に外套膜の

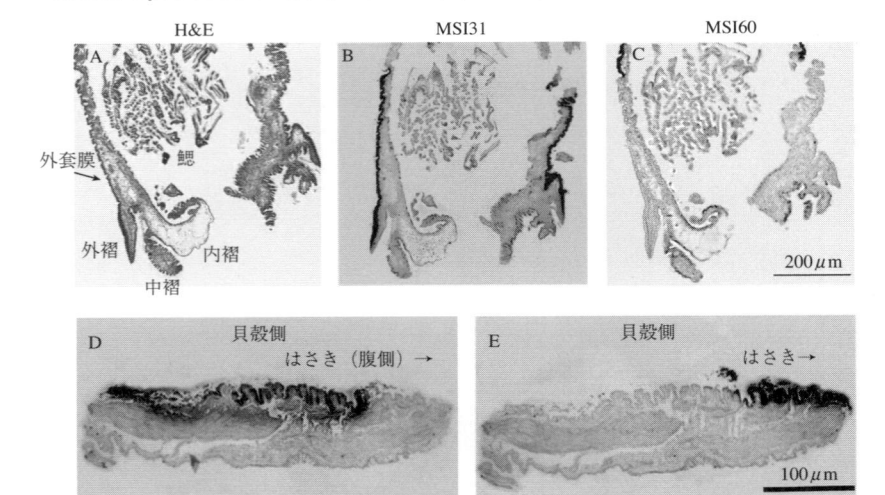

図 8・2　In situ hybridization 法による貝殻基質タンパク質遺伝子 MSI60（真珠層），MSI31（稜柱層）の稚貝外套膜（A-C）とピース（D，E）における発現部位
A：アコヤガイ稚貝軟体部の薄切切片（H&E 染色）．B，E：MSI31 発現部位．C，D：MSI60 発現部位．文献 8）から改変して引用．

どの部位において，どの貝殻基質タンパク質遺伝子が発現しているかを明らかにした[8]．この手法により，特定の遺伝子が転写されて生じる mRNA に，プローブと呼ばれる塩基配列を相補的に結合させ，プローブを可視化して，遺伝子発現部位を切片上で特定することができる．この方法では，定量性は低いが，特定の遺伝子が発現している細胞を判別することが可能である．

貝殻縁辺に近い外套膜や外褶の外面上皮細胞において，MSI31 と呼ばれる稜柱層の基質タンパク質遺伝子[9]が強く発現していることがわかる（図8・2B）．また，MSI31 の発現部位よりも蝶番側においては MSI60[9] と呼ばれる真珠層の基質タンパク質遺伝子が強く発現していた（図8・2C）．両者の発現部位はほとんど重複していなかった．この発現パターンをみると，稜柱層，真珠層の形成に関与している外套膜部位は明確に分かれているということがわかる．

### 1・3 ピースにおける遺伝子発現

熟練した挿核技術者に，外套膜からピースを切り出す作業を依頼した．外套膜と同様に ISH 法でピース片における遺伝子発現を解析した．挿核者が挿核時にピースとして用いる部位には，真珠層を形成する MSI60 が発現している上皮細胞（図8・2D）と稜柱層を形成する MSI31 が発現している上皮細胞（図8・2E）との両者が含まれていた．しかも，両者の境界は明瞭であった．挿核に際して，術者は外套膜の「稜柱層と真珠層を形成していた境界部分」を含む部位を切り出してピースとしていることになる．

### 1・4 ピースと真珠袋形成

挿核と呼ばれる行程で，ピースと真珠核を母貝の生殖巣に挿入する．真珠核はまず血球によって取り囲まれる．血球は真珠核と組織の間を埋めるようにして真珠核を包囲する「血球シート」を形成する．その後，ピース縁辺から外面上皮細胞が遊出し，血球シートに沿って伸張する[10-12]．上皮細胞は真珠核を完全に包み込み，一層の上皮細胞からなる真珠袋と呼ばれる閉じた袋状の構造が形成される．

真珠袋が形成される際には，ピースの縁辺から外面上皮細胞が伸びて完全に核を覆う．もし，外套膜において稜柱層を形成していた細胞と真珠層を形成していた細胞が，真珠袋を形成した後も，各々同様な遺伝子発現を維持したら，常に真珠核の上に，稜柱層，真珠層がモザイク状に形成されるはずである．しかし，

そのようなモザイク真珠が形成される頻度は高くない．後述するように，真珠の部位によって結晶構造が異なっていることがあるが，それはシミやキズの形成と関連した事例であることが多いようである．

ピースにおける遺伝子発現パターンは固定的なものでなく（完全に機能分化しているわけではなく），状況によって変わり得ると考えられる[10]．ただし，美しい真珠を作るためには上記の「稜柱層と真珠層を形成していた境界部分」以外の外套膜の部位からピースを切り出しても高品質真珠ができるわけではなく，真珠層のみを分泌していた外套膜（やや蝶番線寄り）からピースを切って挿核した実験では，必ずしも良質な真珠を得ることができなかった[13]．一見矛盾した話であるが，以上のことから①稜柱層を分泌していた外套膜の上皮細胞は真珠袋を形成した後は真珠層を分泌しうる，②良質真珠ができるときには，外套膜において稜柱層，真珠層をそれぞれ形成していた上皮細胞が真珠袋で混在している，とまとめることができるだろう．上皮細胞における貝殻基質タンパク質遺伝子の発現は状況によって変わりうるということは明らかである．

### §2. 真珠袋上皮細胞における遺伝子発現と真珠の品質
#### 2・1 真珠袋における遺伝子発現と真珠表面構造

真珠袋における真珠層の基質（モルタルの部分）を作る MSI60 という遺伝子と稜柱層の基質を作る遺伝子 MSI31 の発現パターンと真珠核の表面の結晶構造を比較した．真珠層真珠（図8・1A），低品質真珠（図8・1B）を形成した個体の真珠袋における遺伝子発現パターンを上述の ISH 法で調べた．真珠における細かな柱状の構造と貝殻の稜柱層とは，サイズ，基質の厚さなど形態がまったく異なる．今後の解析が必要であるが，用語の混乱を避けるため，この章では真珠において形成された「柱状」の構造には稜柱という用語は用いず，柱状構造という表現を用いる．

真珠層真珠においては，真珠袋上皮細胞は，一様な MSI60 遺伝子の発現を示していた（図8・3B，C）．一方，「低品質」真珠表面（図8・1B）に対応する真珠袋においては，MSI31 が一様に強く発現していたが（図8・3D，F），MSI60 の発現は認められなかった（図8・3E）．

以上の結果から，真珠袋においては，次項で述べるようにキズが部分的に形

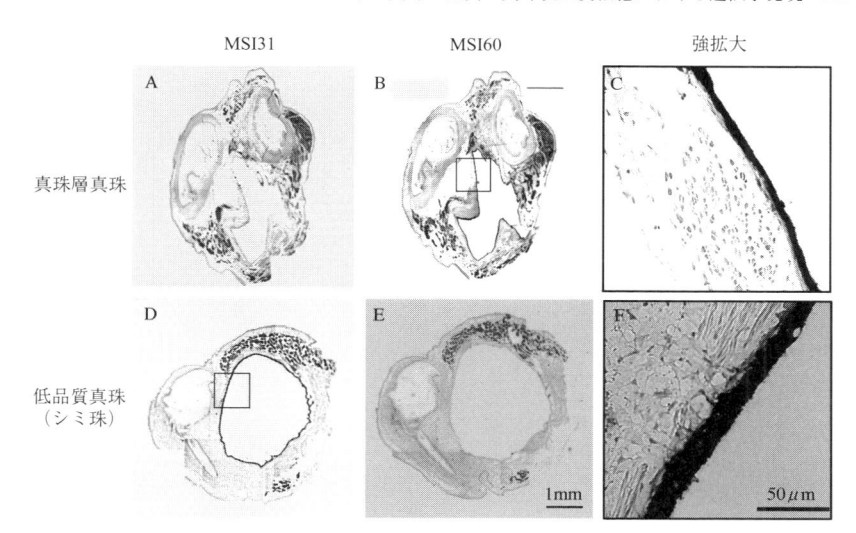

図 8・3 真珠品質と真珠袋上皮細胞における ISH 法による MSI31, MSI60 の発現との関係
図 8・1 に示した高品質真珠（A-C），低品質真珠（D-F）に対応する真珠袋における MSI31, MSI60 の発現パターン．高品質真珠では MSI60（B, C），低品質真珠では MSI31（D, F）の発現が真珠袋上皮細胞で認められる．文献 8) から改変して引用．

成されているような場合以外は，遺伝子発現パターンは一様なのであろう．おそらく，真珠袋が形成される過程で，外套膜上皮細胞における貝殻基質タンパク質遺伝子の発現パターンは一旦リセットされ，新たな遺伝子発現パターンを示すのであろう．もっとも，真珠袋での MSI31, MSI60 の遺伝子発現がモザイク状になっている場合もあるので（佐藤未発表），真珠袋が形成されてからの遺伝子発現パターンの推移とそれを制御する要因については今後知見を積み重ねる必要があるだろう．

### 2・2 大きな突起（キズ）のある真珠の表面構造と真珠袋遺伝子発現

真珠の品質を決める要因として，シミ・キズの有無，光沢，巻き，色（実体色，干渉色）があげられる[5]．このうちシミは褐色〜黒色の着色，キズは，真珠表面の突起，へこみをさす．真珠によってはシミとキズを明確に分けることが難しい場合がある．図 8・4 左端に示したのは，キズと呼ばれる大きな茶褐色の突起のできた真珠である．突起部以外は真珠層で覆われているが，茶褐色の目立つ突起があるため，商品価値はない．走査型電子顕微鏡で観察した表面の微細構

造を図8・4に示した．隆起した部分は黒い膜状，あるいは顆粒状物質により形成されていた（図8・4A）．この構造は，真珠を薄切研磨するときにしばしば脱落してしまうので，石灰化していない比較的柔らかい有機物でできていると思われる．その突起の表面には，微小な結晶から構成される石灰化した層が形成されていた．この結晶の成長方向は，真珠表面と垂直な方向であった．部位により結晶の形状は異なり，葉状，花弁状など様々な形態を示した（図8・4A）．これらの構造は貝殻稜柱層と比較して，結晶が微細であった（図8・9参照）．また，貝殻では稜柱間基質が数マイクロメートル程度と厚いのに比べ，真珠の柱状構造では，その構造を取り囲むような基質はSEMでも認められなかった．一方，この突起から離れた部位では真珠層が形成されていた（図8・4D）．この柱状構造が厚く形成されると真珠の品質が低下すると考えられるので，この構造が形成されるときの遺伝子発現，さらに貝殻基質タンパク質遺伝子群を支配する上位の母貝の側の遺伝子制御についても，今後解析が必要である．

　この真珠核の上に形成されたキズ部分に対応する真珠袋を切り出して，その断面を連続切片として，ISH法でMSI31，MSI60の発現を観察した．突起部を覆っていた真珠袋上皮細胞においては，MSI60はほとんど発現していなかったが（図8・4B），MSI31の強い発現が認められた（図8・4C）．興味深いことに，

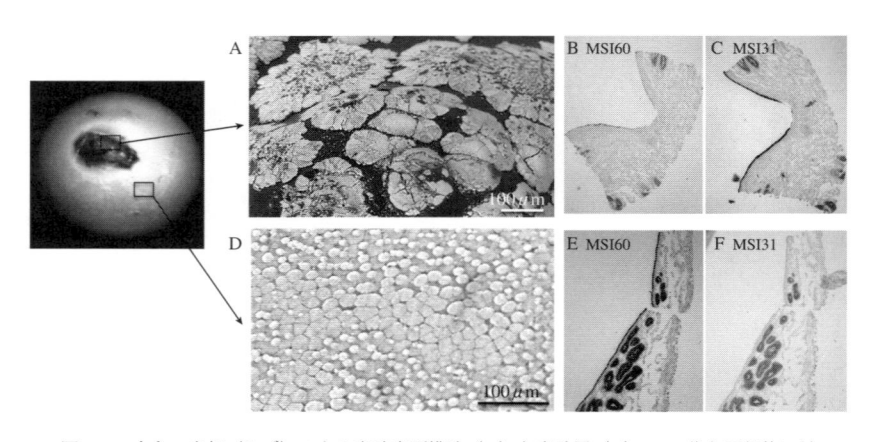

図8・4　大きい突起（キズ）のある真珠表面構造（A）と真珠層（D）SEM像と両部位に対応する真珠袋切片におけるISH法によるMSI60（B, E）とMSI31（C, F）との発現パターン
　　　　文献8）から改変して引用．

これら2つの遺伝子の発現には明確なパターンがあり，突起部から遠ざかるにつれてMSI31の発現は弱まり，逆に右端に向かってMSI60の発現は強まる傾向が見られた（図8·5）．真珠層が形成されている部位ではMSI60が強く発現していたが（図8·4E），MSI31の発現は認められなかった（図8·4F）．今回は2つの遺伝子でしか観察を行っていないが，発現パターンと真珠構造には相関があることは明らかである．少なくとも，真珠層形成には，MSI60の強い発現が必要である．また，MSI31の発現は，良質真珠形成にはあまり好ましくないということがいえるだろう．

この発現パターンの違いが生じるメカニズムは不明であるが，おそらくは手術前後の出来事に遡ることができるのではないか．手術時には軟体部を傷つけることになるので，血球細胞，結合組織などの体細胞，にじみ出た精子や卵などが遊離する．これらの細胞が，真珠袋の内部に閉じ込められ，シミ物質を誘導するのであろう[14]．また最近の研究結果では，シミ形成にバクテリアが関与していることを示すデータが得られている[15]．細胞を貪食した血球塊が死細胞塊として核の上に沈着し，それに誘導されて上皮から異常なタンパク分泌がなされたことも想定される．

図8·4で示した真珠において，キズの上には，微細な結晶が形成されていた（図8·4A）．キズが形成されると，次に分泌されるのは真珠層ではなくこの不定形の構造であることがわかる．キズができた部位とできていない部位では，遺伝子の発現パターンが異なっていた．このことは，真珠袋上皮細胞の貝殻基質タンパク質遺伝子の発現は，真珠袋の内部の微小な環境に影響されることを示している．真珠袋上皮細胞における遺伝子発現は一様ではない．すなわち真珠袋の部位によって分泌状況が大きく異なっていることになる．

また，シミとキズは明確にカテゴリーとして分割できない場合も

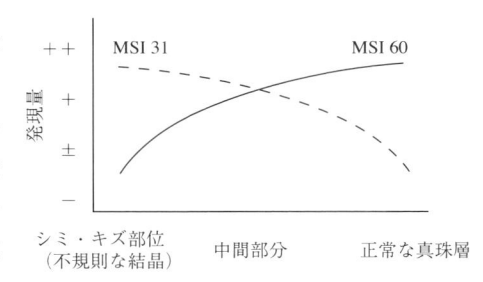

図8·5 図8·4における遺伝子発現パターン模式図
稜柱層基質タンパク質遺伝子MSI31の高いレベルの発現は正常な真珠層形成を妨げる．模式図横軸は相対的な位置を示す．縦軸はISH法による染色性を発現量として示した．

多い．図8・4の真珠においては，黒褐色のシミと認識される物質により隆起しており，程度が甚だしくなるとキズ（突起）となるのであろう．この構造の断面を観察すると，石灰化していない，特定の結晶構造をもたない黒褐色の物質として認められる場合がある．

## §3. 真珠袋上皮における貝殻基質タンパク質遺伝子の発現量の定量
### 3・1 ピースから真珠袋が形成される過程における発現量

挿核後にピースから上皮細胞が遊出し，核を完全に覆い「真珠袋」という構造が形成される．真珠袋は閉じた構造であり，上皮細胞と核の間の間隙は，外套膜上皮と貝殻の間の外套膜外液と同じ役割を果たしている．すなわち，真珠袋の内側が結晶化の場になっていることはいうまでもない．挿核手術直後から，真珠袋が形成され，真珠上に結晶が形成されるまでの間は傷口の治癒や真珠袋の形成をうながすために，貝を穏やかな海面に垂下する．この間に貝の体内で起きていることについては，古くから組織学的な手法で観察されてきた[10-12]．ここでは，ピースから，真珠袋ができ，真珠分泌が始まるまでの過程における貝殻基質タンパク質遺伝子の発現過程について調査した例を示す．

挿核直後に真珠袋が形成され，やがて真珠核の上で石灰化が始まる．この過程において，上皮細胞の貝殻基質タンパク質遺伝子の発現量をリアルタイムPCR法により定量した結果を紹介する．遺伝子が転写されmRNAになるが，このmRNA量のコピー数を定量する方法がリアルタイムPCR法である[16]．この方法は，ISH法と異なり，正確な発現部位はわからないが，遺伝子の発現量を定量できる．挿核手術後に，陸上の水槽に貝を収容し，定期的に標本を固定した．この標本から真珠袋を摘出し，遺伝子の発現量を定量した結果を図8・6に示した．挿核後に発現量が低下する傾向が挿核後10日目まで続いた．しかし10日目以降に遺伝子発現量が上昇に転じている．同じ時期に実施された組織学的観察結果によると（石橋未発表），28℃において挿核後4－5日目までにほとんどの個体で真珠袋が形成されていた．この結果もあわせて考えると，挿核手術直後に一旦，ピースの上皮細胞の発現量が著しく低い状態になり，真珠袋が形成されるまでは，その状態が継続する．真珠袋が形成されてしばらくすると貝殻基質タンパク質遺伝子が発現し始めると考えられる．さらに外套膜における遺伝子発現

8章　真珠の品質と真珠袋上皮細胞における遺伝子発現　109

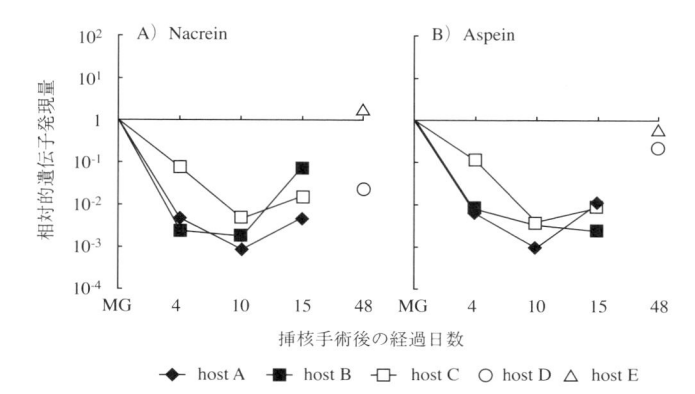

図8・6　挿核手術後の真珠袋におけるリアルタイムPCR法によるNacrein（真珠層基質タンパク質遺伝子）とAspein（稜柱層基質タンパク質遺伝子）の発現量の変化
挿核前のピース（MG）の発現量を1としたときの真珠袋における値を相対値として示した．文献16）から改変して引用．

と真珠袋における遺伝子発現では，上位の制御機構がどうなっているのか，真珠袋における柱状構造形成，真珠層形成の遺伝子発現パターン切り替えがどのように制御されているか明らかにする必要がある．

### 3・2　真珠品質と真珠袋における貝殻基質タンパク質遺伝子発現パターン

真珠の品質と真珠袋における真珠層，稜柱層基質タンパク質遺伝子の発現パターンを比較した結果[17]を紹介する．分析した真珠層基質タンパク質遺伝子N16，Nacrein，稜柱層基質タンパク質遺伝子Prismalin-14，Aspeinでは高品質真珠と低品質真珠の間で顕著な差は検出できなかったが，MSI31の発現量が，低品質真珠と比較して高品質真珠の方が有意に低いことが明らかになった（図8・7）．上述のISH法と同様な結果であった．稜柱層基質タンパク質遺伝子MSI31が真珠層の形成に具体的にどのようなメカニズムで結晶構造に影響を与えているのかは不明であるが，真珠層結晶構造の均一性に影響を与えていることが想定される．

### 3・3　真珠の断面からわかること

高品質真珠の断面では，真珠層が直接核の上に形成されているように見える（図8・8A）．一方，真珠の核の上にまず，柱状構造が同心円状に形成され，その上に真珠層が年輪のように形成されている真珠が多い（図8・8B）．また真珠形

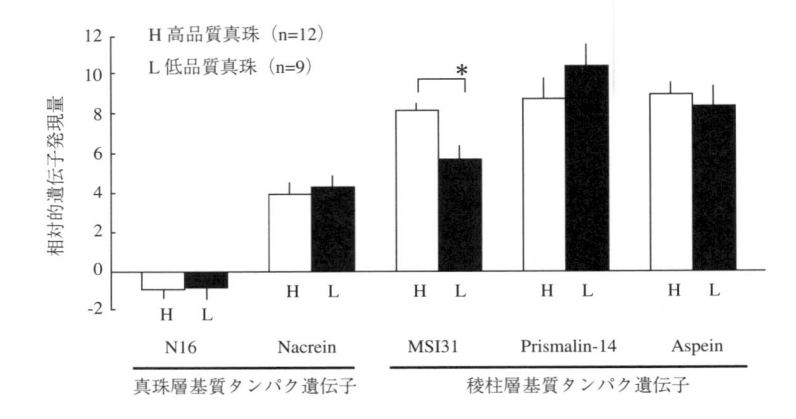

図 8・7 高品質真珠と低品質真珠における貝殻基質タンパク質遺伝子発現量（$\Delta\Delta$ Ct 値）の平均値
N16, Nacrein は真珠層基質タンパク質遺伝子，MSI31，Prismalin-14，Aspein は稜柱層基質タンパク質遺伝子．この図では MSI60 に対する相対的な発現量として示してある．数値が大きいほど発現量が少ないことを示す．有意差が認められたのは MSI31（$P < 0.05$）．文献 17）から改変して引用．

成初期の真珠袋の組織像（図 8・8C）からも有機質の層，柱状構造層，次に真珠層，というように順番に真珠核上に形成されていることが読み取れる．すなわち，真珠袋上皮細胞の遺伝子発現パターンは，挿核手術後に，ほぼ一斉に変わっていくと考えられる．さらに低品質真珠の断面では，真珠層，柱状構造，真珠層と交互に年輪様に層が形成されていることがある．この結果は，母貝の生理的な状態によって，真珠袋上皮細胞の分泌物（遺伝子発現パターン）が変化することを示している．図 8・9A，B に貝殻内側の SEM 像と C に真珠表面の柱状構造を示した．貝殻真珠層と稜柱層の境界部には（図 8・9B），針状の細かい結晶が認められる．この部位の微細な結晶は真珠層と同様にアラゴナイトであることが明らかになっている[18]．真珠の表面にまず形成される「稜柱」結晶[19] あるいは，「乳房状稜柱，柱状構造」と和田[20] により記載されているのはこの構造と同様な構造かもしれない．

図 8・9C に示したような真珠核上に形成される微細な柱状の結晶構造も，予備的な解析でアラゴナイトであることが判明しており（小暮私信），今後知見を蓄積したい．ISH 法の結果でも，この構造が形成されるときには，MSI31 が発

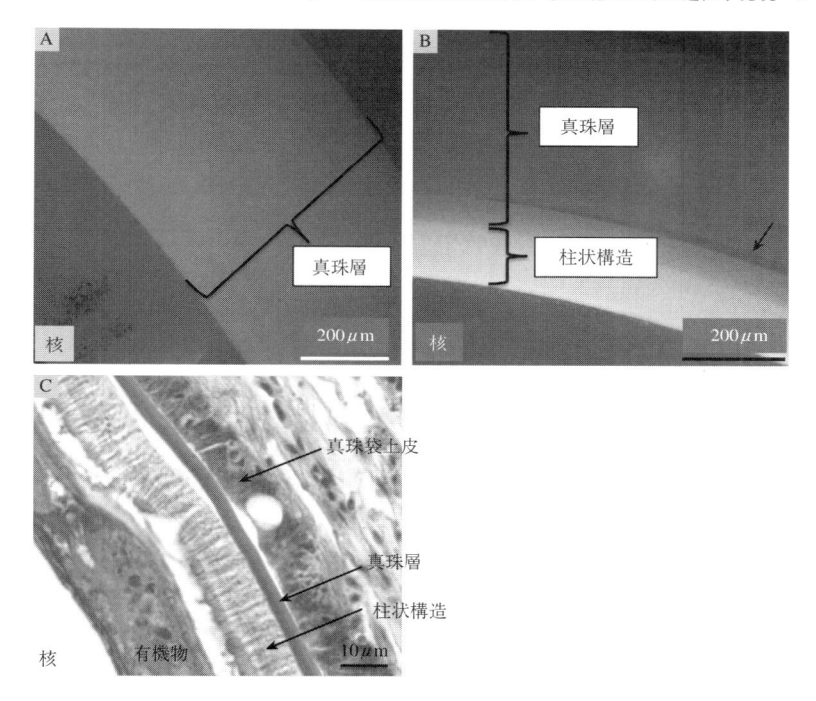

図8·8 高品質真珠（A）と低品質真珠（B）の断面像と真珠袋上皮からの分泌物の層状構造（H&E切片）（C）
Aでは核の上に真珠層のみが形成されている．Bでは核上に，細かな柱状の構造からなる層が同心円状に形成され，その上にさらに真珠層が形成されている．Bの矢印は真珠層に生じた不連続面を示す．Cは脱灰処理後パラフィン切片にしてH&E染色した像．核の上に分厚いエオシンに染まる石灰化していない不均一な構造が認められる．その上に柱状構造，その後にエオシンに好染する真珠層が形成されている．

現していた．MSI31の発現は必ずしも稜柱層（カルサイト）形成を意味しているわけではないようだ．この微細なアラゴナイトで構成される構造の形成にもMSI31が何らかの役割を果たしている可能性がある．

　高品質真珠においては，核の上に真珠層のみが規則正しく形成されている（図8·8A）．一方，低品質真珠では真珠層の間に円弧状の亀裂のような不連続な面（図8·8B，矢印）が形成されていることがある．環境悪化や貝の管理上の問題で一時的なストレスがかかり，真珠袋内のpH，イオン組成などが変化し，分泌物が変化したこと[21]が想定される．このような場合にも，真珠袋における多くの遺

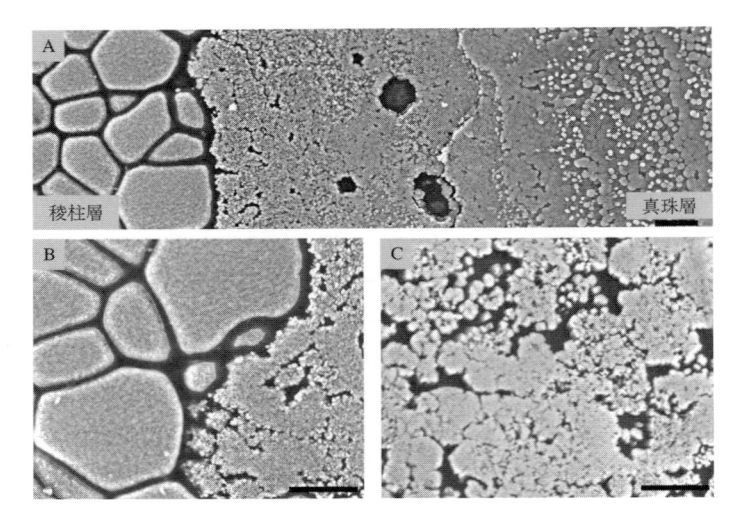

図8・9 A：貝殻稜柱層と真珠層境界部の SEM 画像．B：A の境界部拡大像．C：真珠核表面に形成された柱状構造の SEM 像
スケール 10μm．

伝子の発現パターンが変化しているのであろう．柱状構造が核上に厚く形成されている場合（図8・8B，C）には，挿核手術時の母貝の生理的な状態が大きな要因の一つになっているのかもしれない．養殖の行程で挿核手術前に貝の生理的活性を挿核手術に適する状態まで低下させる「抑制」と呼ばれる作業を行う．貝は一時的に抑制篭と呼ばれる箱に詰め込まれ，海水の交換や摂餌が制限される．その結果，貝は次第に生理的活性を低下させる．挿核時期を誤ると，高品質真珠は形成されなくなるどころか，挿核した真珠核が体外に放出されたり，最悪の場合は貝のへい死にいたる[22, 23]．手術時の母貝の生理状態と挿核直後の真珠袋上皮の遺伝子発現パターンの関連を理解することで，効率的な養生方法や，挿核時期の適切な判断手法につなげていきたい．

　漁場環境の悪化や夏季水温の上昇など，負の要因が多い状況で，真珠養殖を継続していくためには，育種による母貝とピース貝の改良[24]（1～3 章参照），手術前後の挿核技術改良[25]（2 章参照），干潟再生の試みによる漁場の改善[26]（6 章参照），漁場有効利用法の開発などについて，包括的な取り組みを進める必要がある．アコヤガイの営みに関する基礎的な知見の蓄積は今後急速に進むだろう．

これらの多くの情報をどのように新たな真珠養殖技術に結びつけていくかが研究者の大きな課題である．

謝辞　一連の研究は三重県水産研究所，三重県栽培漁業センターと共同で実施された．共同研究者各位と三重大学生物資源学研究科の学生諸氏の努力に敬意を表したい．科学技術振興機構，農林水産省には研究受託事業などでご支援をいただいた．また，旧水産庁養殖研究所の植本東彦，船越将二，町井　昭，水本三郎，山口一登，和田克彦，三重大学生物資源学部名誉教授和田浩爾，元広島大学生物生産学部教授鈴木　亮 各博士には懇篤なる御指導をいただいた．この場を借りて深甚なる謝意を表したい．

文　献

1) Samata T. Recent advances in studies on nacreous layer biomineralization. Molecular and cellular aspects. *Thalassas* 2004; 20: 25-44.
2) Zhang C, Zhang R. Matrix proteins in the outer shells of mollusks. *Mar. Biotechnol.* 2006; 8: 572-586.
3) Takeuchi T *et al*. Draft genome of the pearl oyster *Pinctada fucata*: A platform for understanding Bivalve biology. *DNA Res.* 2012; 19: 117-130.
4) Kinoshita S, Wang N, Inoue H, Maeyama K, Okamoto K, Nagai K, Kondo H, Hirono I, Asakawa S, Watabe S. Deep sequencing of ESTs from nacreous and prismatic layer producing tissues and a screen for novel shell formation-related genes in the pearl oyster. *PLoS ONE* 2011; 6: e21238. DOI: 10.1371/journal.pone. 002123.
5) 和田浩爾．真珠形成と品質．宝石学会誌 1999; 20: 47-62.
6) 赤松　蔚．真珠の品質．「カルチャード・パール」真珠新聞社 2003; 105-125.
7) 和田浩爾．真珠形成とその細胞制御．「海洋生物の石灰化と硬組織」（和田浩爾，小林巌雄編）東海大学出版会 1996; 85-102.
8) Sato Y, Inoue N, Ishikawa T, Ishibashi R, Obata M, Aoki H, Atsumi T, Komaru A. Pearl microstructure and expression of shell matrix protein genes MSI31 and MSI60 in pearl sac epithelium of *Pinctada fucata* by in situ hybridization. *PloS ONE* 2013; 8: e52372. DOI: 10.1371/journal.pone.0052372
9) Sudo S, Fujiwara T, Nagakura T, Ohkubo T, Sakaguchi K. Structures of mollusc shell framework proteins. *Nature* 1997; 387: 563-564.
10) Kawakami IK. Studies on pearl-sac formation. I. On the generation and transplantation of mantle piece in the pearl oyster. *Mem. Fac. Sci.Kyushu Univ.* 1952; 1: 83-88.
11) 中原　皓，町井　昭．真珠袋の組織学的研究．Ⅲ．形成初期におけるピース並びにその周囲組織の変化．国立真珠研報 1957; 3: 212-217.
12) Awaji M, Machii A. Fundamental studies on in vivo and in vitro pearl formation-contribution of outer epithelial cells of the pearl oyster mantle and pearl sac. *Aqua-BioScience Monograph* 2011; 4: 1-39.

13) 青木 駿．真珠養殖におけるそう核手術に関する研究．III．外套膜縁，外套縁膜，外套腔各部よりそれぞれ切り取られたピースを用いて施術を行った場合について．国立真珠研報 1959; 5: 503-515.
14) 青木 駿．異常真珠の出現防止に関する研究．真珠技術研究会報 1966; 53: 1-204.
15) Ogimura T, Futami K, Katagiri T, Maita M, Gonçalves AT, Endo M. Deformation and blemishing of pearls caused by bacteria. *Fish. Sci.* 2012; 78: 1225-1262.
16) Inoue N, Ishibashi R, Ishikawa T, Atsumi T, Aoki H, Komaru A. Gene Expression patterns in the outer mantle epithelial cells associated with pearl sac formation. *Mar. Biotechnol.* 2011; 13: 474-483.
17) Inoue N, Ishibashi R, Ishikawa T, Atsumi T, Aoki H, Komaru A. Can the quality of pearls from the Japanese pearl oyster (*Pinctada fucata*) be explained by the gene expression patterns of the major shell matrix proteins in the pearl sac? *Mar. Biotechnol.* 2011; 13: 48-55.
18) Saruwatari K, Matsui T, Mukai H, Nagasawa H, Kogure T. Nucleation and growth of aragonite crystals at the growth front of nacres in pearl oyster, *Pinctada fucata. Biomaterials* 2009; 30: 3028-3034.
19) 和田浩爾．真珠形成初期の顕微鏡的観察 I. 国立真珠研報 1957; 3: 167-174.
20) 和田浩爾．第 3 章 真珠と貝殻の石灰化機構．「真珠の科学」真珠新聞社 1999; 69-121.
21) 和田浩爾．真珠養殖過程中におけるアコヤガイの生活活動の変化が真珠形成に及ぼす影響．I. 衰弱した貝での真珠形成．国立真珠研報 1959; 5: 381-394.
22) 植本東彦．アコヤガイのそう核手術に関する生理学的研究 I-III．国立真珠研報 1961; 6: 619-635.
23) 植本東彦．真珠養殖技術における仕立て作業の意義とその効果に関する研究．真珠技術研究会会報 1967; 59: 1-99.
24) Aoki H, Tanaka S. Atsumi T. Abe H, Fujiwara T, Kamiya N, Komaru A. Correlation between nacre-deposition ability and shell-closing strength in Japanese pearl oyster *Pinctada fucata. Aquaculture Sci.* 2012; 60: 451-458.
25) 渥美貴史，石川 卓，井上誠章，石橋 亮，青木秀夫，西川久代，神谷直明，古丸 明．低塩分海水養生によるキズ・シミの無真珠の生産率向上効果．日水誌 2011; 77: 68-74.
26) 国分秀樹，奥村宏征，松田 治．英虞湾における干潟の歴史的変遷とその底質，底生生物への影響．水環境学会誌 2008; 31: 305-311.

# 9章　貝殻基質タンパク質にもとづいた貝殻・真珠の形成

宮 本 裕 史[*]

　軟体動物の著しい形態の多様性は多様な動物群の中でも特筆すべきものであり，そのことは貝殻形態において如実にあらわれている．そのため貝殻形態は種同定においても重要な指標となる．いくつかの貝類では，貝殻構造は電子顕微鏡による観察から稜柱層や真珠層に分類される．アコヤガイ貝殻では，外側に稜柱層，内側に真珠層が形成される．真珠の場合，貝殻内面と同様の真珠層が何層にも重なることにより独特の光沢が生じる．では，貝殻形態の多様性をどのように説明していけばよいのか．単純化してしまえば，炭酸カルシウム結晶が積み重なる方向や様式の違いが，種ごとの貝殻形態の違いを生じさせている，といえるわけだが，この過程で重要な役割を担っているのが貝殻中に微量に存在するタンパク質である．タンパク質は真珠の中にも存在しており，貝の軟体部から貝殻や真珠中に移行するタンパク質の種類の違いが貝殻構造の違いを生み，貝殻・真珠の形成も制御していると考えられている．

　従来，分類を目的に貝殻の形態学的研究はよく行われてきたが，個体発生の過程で貝殻が生じる仕組みを解明しようとする試みはあまり行われてこなかった．無脊椎動物の外骨格として誰もが納得する外見を備えた貝殻．その形成に関する分子レベルでの研究は，モデル生物で進められる圧倒的な研究の背後で等閑に付されてきたのである．しかしながら，こうした状況は近年大きく変わりつつある．硬組織の獲得は生物進化の重要な一里塚であり，その形成機構を研究対象とするバイオミネラリゼーションは一つの研究分野として確立した．とりわけ貝殻はバイオミネラリゼーション研究のモデルとして，また軟体動物の多様性を説明するための主たる形質として着目される．さらに，遺伝子やタンパク質などの生体高分子を解析するテクノロジーの急速な進歩により，二枚貝など非モデル生物に対して分子生物学的アプローチを適用することが容易になっている．

---

[*] 近畿大学生物理工学部

現在，貝殻と真珠の形成に関する情報は急速に増えているが，なかでも外套膜から分泌され貝殻に移行するタンパク質に関する情報は1990年代の後半から増大し，貝殻形成を語る上で欠くことのできないファクターとして認識されるようになった．貝殻と真珠は単純な炭酸カルシウム結晶の集まりではなく，タンパク質を含んでおり，そのことによって形質が大きく左右される．つまり，貝殻および真珠は発生過程を通して形成される遺伝的構築物なのであり，貝殻と真珠の形成は，単なる物理的な結晶成長としては括ることのできないプロセスを包含しているのである．そうであれば貝殻形成への還元的アプローチの有効性は明らかである．貝殻基質タンパク質の構造と機能の解明は，貝殻形成のメカニズム解明への大きなステップになるはずであり，それは貝殻を知ることであり，真珠を知ることにつながる．

本章では，様々な構造特性を有する貝殻基質タンパク質の特徴を外観し，貝殻基質タンパク質の構造と機能の連関を考察する．また，いくつかの貝殻基質タンパク質については，異なった種において共通祖先遺伝子に由来するもの（オーソログ）の同定が可能であり，軟体動物における貝殻基質タンパク質の獲得過程のシナリオについても触れる．

## §1. 貝殻基質タンパク質全体の生化学的性質

生物によって作り出される貝殻と真珠．その成り立ちを知るためには，炭酸カルシウム結晶から多様な形態が構築されるメカニズムを解明することが必要であり，そのような試みの端緒は160年ほど前に遡る．1855年フランス人化学者Frémyは貝殻中の水溶性溶媒に対する不溶性の成分をコンキオリンとして報告した[1]．貝殻は炭酸カルシウム結晶の単なる集まりではなく，軟体部から分泌される成分を含んでおり，貝殻形成の普遍的なメカニズムに迫るための重要なターゲットとして興味をもたれ，真珠コンキオリンは真珠のイメージからか化粧品にも添加されるようになった．

では，コンキオリンとはいかなる物質か．生化学的分析により貝殻中の水溶性溶媒に対して不溶性の成分の主成分がタンパク質であることが明らかになり，いくつかの二枚貝，腹足類でそのアミノ酸組成が分析された[2-6]．その結果，貝殻中のタンパク質のアミノ酸組成は種の違いや貝殻の部位により多少の変化は

見られるが，いくつかの共通の特徴を示すことが明らかとなった．バージニアガキ *Crassostrea virginica*，シロチョウガイ *Pinctada maxima*，セイヨウトコブシ *Haliotis tuberculata* において詳細な貝殻基質タンパク質のアミノ酸分析が行われているが，いずれにおいてもグリシンが高い含有率を示す．また，アスパラギン酸とアスパラギンも多く含まれている．シロチョウガイでは真珠層EDTA不溶性画分にアラニンが多いことが特筆する特徴である．グリシン，アスパラギン酸，アスパラギン，アラニンの高い含有率は，真珠においても当てはまることから，貝殻真珠層と真珠が，同じタンパク質を共有し，同一のタンパク質によって制御される同様のメカニズムにより形成されることをうかがわせる．

　貝殻は炭酸カルシウムの結晶が積み重なることによって構築される．このときの個々の炭酸カルシウム結晶にはカルサイトとアラゴナイトの2種類がある．炭酸カルシウムの結晶多形には他にファーテライトがあるが，カルサイトとアラゴナイトはこれに比べて比較的安定である．貝殻では，カルサイトあるいはアラゴナイトの結晶が積み重なることにより電子顕微鏡で識別可能な特定の構造が形成される．アコヤガイなどのウグイスガイ科では，カルサイトからは稜柱層が，アラゴナイトからは真珠層が形成される．稜柱層は多角の結晶が積み重なったものであり貝殻の外側に見られ，真珠層はレンガ状の薄い結晶が積み重なったような構造で貝殻の内面に見られる[7,8]．真珠の層構造もアラゴナイトで，貝殻内面と基本的な構造を共有すると考えて差し支えない．タンパク質は主に炭酸カルシウムの結晶間に存在していると推察されている．

　貝殻基質タンパク質は総体として，上述のようなアミノ酸組成の特異性を示すが，機能的にも際だった特性をもつことを実験的に示すことが可能である．炭酸カルシウム結晶は生物が存在しない条件下でも作ることが可能であり，カルシウムイオンと炭酸イオンを共存させることにより，炭酸カルシウムの結晶が析出してくる．このときの炭酸カルシウム結晶の生成具合をpHの低下としてモニターしてみると，明らかに貝殻基質タンパク質（真珠層由来のタンパク質）存在下では，炭酸カルシウムの生成が抑制される（図9・1）．しかも，真珠層タンパク質存在下で生成した炭酸カルシウムの結晶の構造をフーリエ変換赤外分光分析（FTIR）で解析すると，対照として用いた牛血清アルブミン（BSA）の存

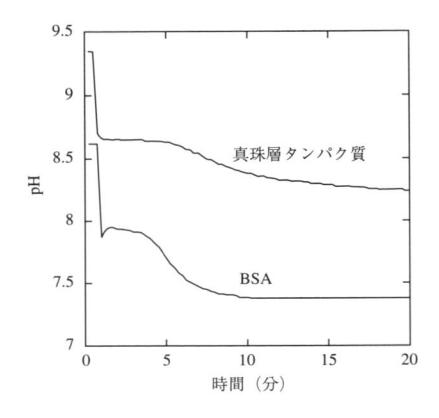

図9・1 真珠層タンパク質による炭酸カルシウム結晶形成の阻害
対照として牛血清アルブミン（BSA）を用いた．

図9・2 真珠層タンパク質存在下において形成された炭酸カルシウム結晶の赤外吸収スペクトル

在下で作らせたものとは明らかに異なっている．真珠層由来タンパク質存在下で生成される炭酸カルシウム結晶はアラゴナイト特有のFTIRスペクトルを示すのに対し，タンパク質が存在しない場合や，BSA，稜柱層由来タンパク質存在下では，カルサイトに対応するFTIRスペクトルが観察される（図9・2）．この実験結果の意味するところは明快である．貝殻の内側と外側という非常に近接した領域に異なった結晶多形が存在する背景には，グリシンやアスパラギン酸などの特定のアミノ酸を高い割合で含む貝殻基質タンパク質が重要な役割を演じているのである．

## §2. 貝殻基質タンパク質の構造と機能
### 2・1 貝殻基質タンパク質を研究することの意味

現在，複雑な貝殻形態とその多様性を還元的に理解しようとする研究が盛んに試みられている．動物の形態はいくつもの階層からなり，個体としての形態形成は器官，組織，細胞といったレベルの過程から説明が行われ，最終的には遺伝子やタンパク質の振る舞いに還元される．これが現在の分子生物学，分子発生学の常道であり，そのような研究アプローチは貝殻形成にも適用可能であ

るのはいうまでもない．しかし，貝殻形成の場合，他の形態形成，例えば脊椎動物の眼や四肢の形成の場合とは異なった様相を示す．脊椎動物の眼は胚発生の過程で脳の一部が正中線の両側に突出することにより形成されるが，このとき眼杯と表皮の相互作用が重要で，その分子機構が解析の対象となる．また四肢形成では，肢芽後部の極性化活性帯（zone of polarizing activity，ZPA）と呼ばれる領域が前後軸のパターン形成を制御しており，その活性を担うタンパク質（sonic hedgehog）が同定されている[9]．貝殻形成では，貝殻が完全に軟体部の外側に存在していることから，このような組織間の相互作用といったものは想定することが難しく，外套膜からの分泌性の因子が直接の研究対象となってしまいがちである．しかし，それは貝殻形成に組織や細胞が関与しないといっているのではない．遺伝子の発現場所である細胞の重要性は明らかであり，だから貝殻基質タンパク質を生産する外套膜は，真珠養殖において利用され，外套膜片（ピース）を提供する貝（ピース貝）の質が重要視されるのである．われわれは貝殻形成のメカニズムを考えるとき，途中の階層をとばして一気に最下層のレベル，遺伝子やタンパク質のレベルに下ることが可能である．これは貝殻研究の普遍的意義を強調しようとする場合，欠点ではあるが利点でもあると考える．貝殻形態は複雑ではあるが，炭酸カルシウム結晶が3次元的に積み重なった構造物である．その結晶の広がりがタンパク質によって制御を受けるとするならば，貝殻形成はバイオミネラル形成の一般モデルとしてだけではなく，多細胞動物における形態形成の単純なモデルとしても意味ある研究対象として考察に値するといえる．

## 2・2 多様な貝殻基質タンパク質（Shell matrix protein）

Shell matrix protein とも呼ばれる貝殻基質タンパク質の解析は，当初，貝殻から当該タンパク質を分離精製することから始まり，部分アミノ酸配列の解析，対応する cDNA の単離へという流れであったが，現在，次世代シーケンサーなど塩基配列決定技術の向上により貝殻基質タンパク質を網羅的に同定する試みがいくつもの貝類で進行している[10-15]．ゲノムの解析では，既知の遺伝子との相同性から関連遺伝子を芋づる式に見つけ出すことが可能であり，特定の組織で発現する遺伝子を網羅的に解析する EST（expressed sequence tag）解析では，貝殻基質タンパク質の分泌源である外套膜を対象として，絞り込んだ新規候補

遺伝子の探索が可能である.

　その結果，同定された貝殻基質タンパク質はここ数年で飛躍的に増大した.とくにわが国では真珠養殖への応用面を期待し，代表的な真珠貝であるアコヤガイ Pinctada fucata を用いた解析が先行し，この分野の研究をリードしてきたといえる．欧米ではアコヤガイと同じ属であるシロチョウガイとクロチョウガイ Pinctada margaritifera を対象として貝殻基質タンパク質の同定が進み，情報量としてこれら3種が他を圧倒している．二枚貝ではマガキ Crassostrea gigas が[16]，また腹足類ではナスビカサガイ Lottia gigantea でゲノム解析が行われ，これらの貝類の貝殻基質タンパク質も複数同定されており[17,18]，今後さらに情報量は増大するものと期待される．

　従来の単発的な報告ではわからなかったのだが，このように網羅的に貝殻基質タンパク質を解析することにより明らかになったことがある．それは，貝殻基質タンパク質の予想外の多様性であり，種間での不一致である．現生の軟体動物の貝殻は祖先的な生物で獲得された外骨格から派生して多様化したと推察される．そうであれば，基本的には共通の装置によって貝殻形成が制御されると考えるのは当然のことである．現代の分子生物学，分子発生学は生物種間を越えて存在する類似した遺伝子を見出し，構造と機能における深い相同性を示すいくつもの例を発見した．そのような概念はモデル動物において一般化され，今日の生命科学の発展に大きく貢献した．しかしながら貝殻形成に関しては事情が違うようである．例えば，Pinctada 属，ナスビカサガイ，アワビ類のすべてに共通する因子はまれで，それぞれの貝類に特異的な貝殻基質タンパク質が非常に多く存在するのである[19-21]．明らかに二枚貝と腹足類では貝殻基質タンパク質に大きな相違があるようであり，またカサガイ類とアワビ類の間でも共通性が低い．このような全体的な傾向が，調べられた一部の二枚貝や腹足類だけに見られる現象なのか，もう少し低次の分類群の中では共通な因子による貝殻形成が営まれているのか，現段階では明らかではない．しかし，少なくとも綱レベルでは貝殻基質タンパク質のレパートリーに大きな違いが見られるようである．

　アコヤガイを含む Pinctada 属の種において得られた情報をもとにするならば，貝殻基質タンパク質は EDTA などのキレート剤や酸への反応により，大き

く可溶性画分と不溶性画分に分けられる．機能面からは，酵素活性のあるもの，結晶形成の枠組みとなるような因子，結晶の成長を制御する因子，結晶多形を左右する因子などに分類することが可能であろう．Marin *et al.* は等電点の違いにより分類を行っているが[22]，このような分類からは構造と機能の実際の姿を類推することが困難で，恣意的な感じが否めない．

### 2・3 LCRに着目した貝殻基質タンパク質の分類

現在までに同定された貝殻基質タンパク質の多くは，少数のアミノ酸の繰り返しからなる低複雑性領域 low-complexity region（LCR）[23] を含んでいる．そこで本稿では，LCRに着目して主要な貝殻基質タンパク質の分類を試みた（表9・1）．LCRは真核生物の多くのタンパク質に散見することができ，配列の不安定性から遺伝子の多様化に寄与していると推察されている．種内での変異が著しい場合には，種内における表現型多型の原因の一つになっていると考えられている．LCRは特定の二次構造をとりにくく，普遍的な機能を推定することは困難であるが，転写因子や構造タンパク質に比較的多く存在することが知られており[23]，タンパク質間相互作用における役割の重要性が示唆される．貝殻基質タンパク質のLCRは，構成するアミノ酸の種類によって大きくグリシン，アラニ

表9・1　低複雑性領域（LCR）を有する貝殻タンパク質

| LCRを構成するアミノ酸 | ウグイスガイ目 | カキ目 | イガイ目 | カサガイ目 | 古腹足目 |
|---|---|---|---|---|---|
| GN | Nacrein<br>Pearlin（N16） | gigasin-5<br>（IMSP-5） | | | Nacrein<br>HasCL10contig2 |
| GS | | MSP-1 | | | Lustrin A |
| GY | Prisilkin-39<br>Prismalin-14 | | | | |
| G | Shematrin<br><br>MSI60<br>KRMP | | MSI60-like | Nacrein-like CA<br>（B3A0Q6）<br>LUSP-12 | |
| A | MSI60 | shelk2 | MSI60-like | | |
| Q | | gigasin-4<br>（IMSP-4） | | LUSP-22<br>Nacrein-like<br>（HE962374） | |
| D | Aspein<br>Asprich<br>Pif | | BMSP | BMSP-like | |

ン，グルタミン，アスパラギン酸に分けられ，グリシンはさらにグリシン単独でLCRを構成する場合，グリシンとアスパラギン，グリシンとセリン，グリシンとチロシンでそれぞれLCRを構成する場合に分類することが可能である．グリシン，アスパラギン，アスパラギン酸，グルタミン，グルタミン酸，アラニンの各アミノ酸が貝殻基質タンパク質のLCRの構成アミノ酸として頻出する事実は，貝殻抽出画分のアミノ酸分析におけるこれらのアミノ酸の高い含有率を反映していると考えられる．そのことはとくにグリシンに関して顕著であり，Nacrein[24]を始めとして，グリシンからなるLCRを有する貝殻基質タンパク質が複数同定されている．

　LCRの違いによって貝殻基質タンパク質の機能的な違いがあるのかどうか興味がもたれるが，貝殻基質タンパク質の多くが未だ機能解析の途上にあり，LCRからの機能類推は時期尚早であろう．しかしながら，アスパラギン酸リッチなAspein[25]やアスパラギン酸からなるLCRを含むPif[26]が炭酸カルシウムの結晶多形の制御に関与しているとの報告があることから，酸性ドメインを有する貝殻基質タンパク質と結晶多形制御との関連が示唆される．貝殻基質タンパク質の多くのLCRを構成するグリシンについてはどうか．グリシンからなるLCRを含む貝殻基質タンパク質としてShematrin[27]とKRMP[28]が知られているが，これらのタンパク質はそれぞれファミリーを構成し，*Pinctada*属3種（アコヤガイ，シロチョウガイ，クロチョウガイ）に共通して存在する[29]．しかも，これらのタンパク質は外套膜で特異的に発現し，貝殻の構成タンパク質として非常に多く存在しているようである．グリシンからなるLCRはクモの糸や植物の細胞壁のタンパク質にも存在しており，それぞれの物質の強度を高めている．このことからShematrinやKRMPも，*Pinctada*属において貝殻の強度付与に関係していることが示唆される．

　グリシンやアラニン，アスパラギン酸を含むLCRは多くの貝殻基質タンパク質に共通する特徴であり，このような特性は軟体動物全体に敷衍することが可能であろう．ならば，このことと貝殻の形成，軟体動物の進化はどのように結びつけて考えることができるのだろうか．一般にLCRは同じアミノ酸が繰り返されることから，対応する遺伝子についても，一つの遺伝子内に配列の類似性が存在することになる．そうすると減数分裂時の相同染色体の対合において部分的なず

れが生じ，LCRの変異が生じやすくなる．したがってLCRを有する遺伝子は変異が促進され，ひいては当該遺伝子が関与する表現型の変異も促進されると推察される．このことは，実際，イヌの品種間の大きな違いが，繰り返し配列の違いによって生じていることが証明されている．*Alx-4*（aristaless-like 4）や*Runx-2*（runt-related transcription factor 2）の繰り返し配列の長さに品種間で違いがあり，それにより，*Alx-4*では後肢の形状に，*Runx-2*では頭蓋骨の形状に変異が生じるというのである[30]．

　グリシンからなるLCRの機能については，すでに述べた通り自然選択上の適応的意味が推察され，貝殻を構築する上で有用であろう．そこにLCRの変異の促進作用が加わり，貝殻の多様性がもたらされた．それが結果として軟体動物の著しい多様化に至ったのではないか．そのようにLCRの進化的意味を推察することができる．

## §3. Nacreinタンパク質から考える貝殻形成と貝殻基質タンパク質の進化

　Nacreinはアコヤガイ真珠そのものから単離されたタンパク質であり，真珠層EDTA可溶性画分を構成する主要な成分である．SDS-PAGEではシングルバンドを形成し，比較的解析が容易であると推測されたことから，最初のターゲットとして精製，部分アミノ酸配列の決定，cDNAクローニングへと作業が進められた．その結果，貝殻基質タンパク質としては申し分のない特徴を示すことが明らかとなった．まず着目すべきは，cDNAから予想されるアミノ酸配列は炭酸脱水酵素様ドメインをコードしていたことである．炭酸脱水酵素（CA）は二酸化炭素と水から炭酸水素イオンを生成する反応を触媒する酵素であり，貝殻結晶を構成する炭酸カルシウムの生産に決定的に重要な役割を演じている．さらに興味深いのは，CA様ドメインを分断するかたちで，グリシンとアスパラギンからなる繰り返し配列（GN repeat）が挿入されていたことである．グリシンとアスパラギンは貝殻基質タンパク質の主要な構成アミノ酸であり，グリシンについてはShematrin，KRMPなど複数の貝殻基質タンパク質にも繰り返して出現し，いくつかの貝殻基質タンパク質に共通する特徴といえる．このようにNacreinは貝殻基質タンパク質として構造の一般性を備えるとともに，機能的には炭酸脱水酵素として結晶成長に本質的な役割を担っていると推察される．実

際，真珠から精製した Nacrein タンパク質は CA 活性を有しており，GN repeat は炭酸カルシウム結晶形成の制御に関与することが示されている[31]．

　Nacrein が貝殻形成の実際的なプレーヤーとして機能していることが示唆されることから，軟体動物における Nacrein 遺伝子の獲得は，貝殻の進化を考える上で重要な出来事であったと考えられる．ならば，Nacrein 様遺伝子はアコヤガイ以外の有殻軟体動物 Conchifera にも存在していると予想される．実際，現在までに複数の Nacrein 遺伝子が二枚貝と腹足類で同定されている（図 9・3）．二枚貝では，アコヤガイ以外にシロチョウガイ，クロチョウガイから複数の Nacrein 遺伝子が同定されており，一次構造上の類似性は全体的に高い[19,20]．ただ GN repeat に関しては若干違いがみられ，シロチョウガイの Nacrein（N66）とクロチョウガイの Nacrein A1, B2, B3, B4 に関しては，アコヤガイのものより長い繰り返しとなっている．腹足綱では，古腹足目のヤコウガイ，カサガイ目のナスビカサガイとセイヨウカサガイ Patella vulgata から Nacrein 様遺伝子が単離同定されている．ナスビカサガイとセイヨウカサガイで同定され

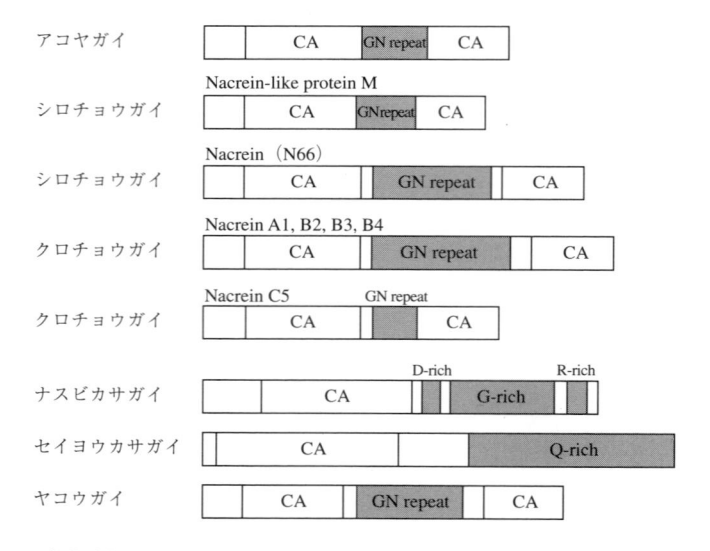

| 生物 | タンパク質 | 構造 |
|---|---|---|
| アコヤガイ | | CA — GN repeat — CA |
| シロチョウガイ | Nacrein-like protein M | CA — GNrepeat — CA |
| シロチョウガイ | Nacrein (N66) | CA — GN repeat — CA |
| クロチョウガイ | Nacrein A1, B2, B3, B4 | CA — GN repeat — CA |
| クロチョウガイ | Nacrein C5 | CA — GN repeat — CA |
| ナスビカサガイ | | CA — D-rich — G-rich — R-rich |
| セイヨウカサガイ | | CA — Q-rich |
| ヤコウガイ | | CA — GN repeat — CA |

図 9・3　軟体動物で確認された Nacrein 様タンパク質の構造
　　　　CA は炭酸脱水酵素，GN repeat はグリシンとアスパラギンの繰り返し配列，D-rich はアスパラギン酸を主とする配列，G-rich はグリシンを主とする配列，R-rich はアルギニンを主とする配列，Q-rich はグルタミンを主とする配列をそれぞれ示す．

たNacrein様遺伝子から予想されるアミノ酸配列は，*Pinctada*属のNacreinとは異なりCA様ドメインに繰り返し構造が挿入されるのではなく，それぞれ異なった配列がC末側に存在していた[18,32]．ナスビカサガイの場合，アスパラギン酸を主とする酸性ドメインとアルギニンを主とする塩基性ドメインに挟まれるようなかたちでグリシンを主とするドメインが存在していた．セイヨウカサガイNacrein様配列では，C末側はグルタミンを主とする配列として認識することができる．ヤコウガイのNacreinについては基本的な構造は*Pinctada*属のNacreinと同様であるが，GN repeatの繰り返しのパターンに違いがみられる[33]．*Pinctada*属Nacreinの場合は「GNN」の繰り返しが多いのに対して，ヤコウガイNacreinでは，「GN」の繰り返しとなっている．

以上がアコヤガイ以外のNacrein様遺伝子の構造の概観であるが，これらの遺伝子の進化的な関連に関しては，*Pinctada*属とそれ以外とで分けて考えることが必要である．*Pinctada*属のNacreinに関しては配列の類似度が高く，オーソログと考えて問題ないであろう．アコヤガイのドラフトゲノム解析によれば，GN repeatは単一エクソンにコードされている[34]．このことから*Pinctada*属においては，祖先型のCA遺伝子に当該エクソンが挿入されることによりNacrein遺伝子が獲得され，その後それぞれの種でGN repeatに構造変化が生じたのだと思われる．一方，腹足綱のNacrein様遺伝子に関しては慎重に議論を進める必要がある．なぜなら，*Pinctada*属Nacreinと比べてCAのアミノ酸配列自体の類似性の低さもさることながら，CAドメインに付加されている配列の違いが大きいからである．ヤコウガイについては，一見，GN repeatということでは似ているのだが繰り返しのパターンが異なっている．以上のことより，二枚貝綱と腹足綱ではそれぞれ独立にNacrein遺伝子が進化したというシナリオが想定される．このことは，*Pinctada*属とヤコウガイでは，GN repeatのコドン使用頻度に著しい相違があることや，Nacrein様遺伝子が他の軟体動物で同定されていないことなどからも支持される．

## §4. 今後の展望

現在繁栄する外骨格を有する多様な生物種の多くは，カンブリア紀の爆発的な進化に起源を有するとされ，外骨格の獲得がカンブリア紀における進化を加

速させたのではないかとの説もある．その進化の壮大なプロセスの連なりの果てに貝殻が多様化し，真珠が作られることになった．真珠が作られることに重要な意味はないのかもしれない．しかし，真珠は人の審美眼と知的好奇心を刺激し続ける．本稿で述べたように貝殻を知ることは真珠を知ることであり，両者の研究は呼応する．とりわけ貝殻基質タンパク質は貝殻と真珠の形成を制御する因子として，生物学的にも真珠養殖の観点からも注視すべきものであり，今後も分子生物学に信頼性を置いた研究により日々データは更新されていくであろう．そうしたデータの蓄積の上に立って，一方で遺伝子とその産物であるタンパク質の作用を，他方では炭酸カルシウムの結晶成長という物理作用をともに含んだ現象として，貝殻と真珠の成り立ちを語る必要がある．

## 文　献

1) Marin F, Luquet G. Molluscan shell proteins. *C. R. Palevol.* 2004; 3: 469-492.
2) Bedouet L, Schuller MJ, Marin F, Milet C, Lopez E, Giraud M. Soluble proteins of the nacre of the giant oyster *Pinctada maxima* and of the abalone *Haliotis tuberculata*: extraction and partial analysis of nacre proteins. *Comp. Biochem. Physiol. B* 2001; 128: 389-400.
3) Furuhashi T, Miksik I, Smrz M, Germann B, Nebija D, Lachmann B, Noe C. Comparison of aragonitic molluscan shell proteins. *Comp. Biochem. Physiol. B* 2010; 155: 195-200.
4) Kawaguchi T, Watabe N. The organic matrices of the shell of the American oyster *Crassostrea virginica* Gmelin. *J. Exp. Mar. Biol. Ecol.* 1993; 170: 11-28.
5) Marxen JC, Becker W. The organic shell matrix of the freshwater snail *Biomphalaria glabrata*. *Comp. Biochem. Physiol. B* 1997; 118: 23-33.
6) Pereira-Mouries L, Almeida MJ, Ribeiro C, Peduzzi J, Barthelemy M, Milet C, Lopez E. Soluble silk-like organic matrix in the nacreous layer of the bivalve *Pinctada maxima*. *Eur. J. Biochem.* 2002; 269: 4994-5003.
7) Lowenstam HA, Weiner S. *On biomineralization*. Oxford University Press. 1989.
8) Wilt FH, Killian CE, Livingston BT. Development of calcareous skeletal elements in invertebrates. *Differentiation* 2003; 71: 237-250.
9) Riddle RD, Johnson RL, Laufer E, Tabin C. Sonic hedgehog mediates the polarizing activity of the ZPA. *Cell* 1993; 75: 1401-1416.
10) Clark MS, Thorne MA, Vieira FA, Cardoso JC, Power DM, Peck LS. Insights into shell deposition in the Antarctic bivalve *Laternula elliptica*: gene discovery in the mantle transcriptome using 454 pyrosequencing. *BMC Genomics* 2010; 11: 362.
11) Fang D, Xu G, Hu Y, Pan C, Xie L, Zhang R. Identification of genes directly involved in shell formation and their functions in pearl oyster, *Pinctada fucata*. *PLoS One* 2011; 6: e21860.
12) Gardner LD, Mills D, Wiegand A, Leavesley D, Elizur A. Spatial analysis of

biomineralization associated gene expression from the mantle organ of the pearl oyster *Pinctada maxima*. *BMC Genomics* 2011; 12: 455.
13) Joubert C, Piquemal D, Marie B, Manchon L, Pierrat F, Zanella-Cleon I, Cochennec-Laureau N, Gueguen Y, Montagnani C. Transcriptome and proteome analysis of *Pinctada margaritifera* calcifying mantle and shell: focus on biomineralization. *BMC Genomics* 2010; 11: 613.
14) Kinoshita S, Wang N, Inoue H, Maeyama K, Okamoto K, Nagai K, Kondo H, Hirono I, Asakawa S, Watabe S. Deep sequencing of ESTs from nacreous and prismatic layer producing tissues and a screen for novel shell formation-related genes in the pearl oyster. *PLoS One* 2011; 6: e21238.
15) Marie B, Marin F, Marie A, Bedouet L, Dubost L, Alcaraz G, Milet C, Luquet G. Evolution of nacre: biochemistry and proteomics of the shell organic matrix of the cephalopod *Nautilus macromphalus*. *Chem Bio Chem* 2009; 10: 1495-1506.
16) Zhang G *et al*. The oyster genome reveals stress adaptation and complexity of shell formation. *Nature* 2012; 490: 49-54.
17) Mann K, Edsinger-Gonzales E, Mann M. In-depth proteomic analysis of a mollusc shell: acid-soluble and acid-insoluble matrix of the limpet *Lottia gigantea*. *Proteome Sci*. 2012; 10: 28.
18) Marie B, Jackson DJ, Ramos-Silva P, Zanella-Cleon I, Guichard N, Marin F. The shell-forming proteome of *Lottia gigantea* reveals both deep conservations and lineage-specific novelties. *FEBS J*. 2013; 280: 214-232.
19) Jackson DJ, McDougall C, Woodcroft B, Moase P, Rose RA, Kube M, Reinhardt R, Rokhsar DS, Montagnani C, Joubert C, Piquemal D, Degnan BM. Parallel evolution of nacre building gene sets in molluscs. *Mol. Biol. Evol*. 2010; 27: 591-608.
20) Marie B, Joubert C, Tayale A, Zanella-Cleon I, Belliard C, Piquemal D, Cochennec-Laureau N, Marin F, Gueguen Y, Montagnani C. Different secretory repertoires control the biomineralization processes of prism and nacre deposition of the pearl oyster shell. *Proc. Natl. Acad. Sci. USA* 2012; 109: 20986-20991.
21) Marie B, Marie A, Jackson DJ, Dubost L, Degnan BM, Milet C, Marin F. Proteomic analysis of the organic matrix of the abalone *Haliotis asinina* calcified shell. *Proteome Sci*. 2010; 8: 54.
22) Marin F, Luquet G, Marie B, Medakovic D. Molluscan shell proteins: primary structure, origin, and evolution. *Curr. Top. Dev. Biol*. 2008; 80: 209-276.
23) Haerty W, Golding GB. Low-complexity sequences and single amino acid repeats: not just "junk" peptide sequences. *Genome* 2010; 53: 753-762.
24) Miyamoto H, Miyashita T, Okushima M, Nakano S, Morita T, Matsushiro A. A carbonic anhydrase from the nacreous layer in oyster pearls. *Proc. Natl. Acad. Sci. USA* 1996; 93: 9657-9660.
25) Tsukamoto D, Sarashina I, Endo K. Structure and expression of an unusually acidic matrix protein of pearl oyster shells. *Biochem. Biophys. Res. Commun*. 2004; 320: 1175-1180.
26) Suzuki M, Saruwatari K, Kogure T, Yamamoto Y, Nishimura T, Kato T, Nagasawa H. An acidic matrix protein, Pif, is a key macromolecule for nacre formation. *Science* 2009; 325: 1388-1390.
27) Yano M, Nagai K, Morimoto K, Miyamoto H. Shematrin: A family of glycine-rich structural proteins in the shell of the pearl oyster *Pinctada fucata*. *Comp. Biochem. Physiol. B* 2006; 144: 254-262

28) Zhang C, Xie L, Huang J, Liu X, Zhang R. A novel matrix protein family participating in the prismatic layer framework formation of pearl oyster, *Pinctada fucata*. *Biochem. Biophys. Res. Commun.* 2006; 344: 735-740.
29) McDougall C, Aguilera F, Degnan BM. Rapid evolution of pearl oyster shell matrix proteins with repetitive, low-complexity domains. *J. R. Soc. Interface* 2013; 10: 20130041.
30) Fondon JW, III, Garner HR. Molecular origins of rapid and continuous morphological evolution. *Proc. Natl. Acad. Sci. USA* 2004; 101: 18058-18063.
31) Miyamoto H, Miyoshi F, Kohno J. The carbonic anhydrase domain protein nacrein is expressed in the epithelial cells of the mantle and acts as a negative regulator in calcification in the mollusc *Pinctada fucata*. *Zool. Sci.* 2005; 22: 311-315.
32) Werner GD, Gemmell P, Grosser S, Hamer R, Shimeld SM. Analysis of a deep transcriptome from the mantle tissue of *Patella vulgata* Linnaeus (Mollusca: Gastropoda: Patellidae) reveals candidate biomineralising genes. *Mar. Biotechnol.* 2013; 15: 230-243.
33) Miyamoto H, Yano M, Miyashita T. Similarities in the structure of nacrein, the shell-matrix protein, in a bivalve and a gastropod. *J. Moll. Stud.* 2003; 69: 87-89.
34) Miyamoto H *et al*. The diversity of shell matrix proteins: genome-wide investigation of the pearl oyster, *Pinctada fucata*. *Zool. Sci.* 2013; 30: 801-816.

# 10章　アコヤガイゲノム情報の真珠養殖への応用

竹内　猛[*1]・木下滋晴[*2]・舩原大輔[*3]

　真珠は数ある宝石の中でも唯一，動物の生理作用によって生成される宝石である．アコヤガイ Pinctada fucata の貝殻内側の表面には，真珠と同様の鮮やかな光沢をした層があり，これを真珠層という．真珠層は，貝殻の主要成分である炭酸カルシウムの結晶と，タンパク質などからなる有機基質が交互に積み重なった構造をしており，規則正しい層状構造が真珠特有の光沢を生む．養殖真珠では，真珠の中心となる「核」と，外套膜（貝殻成分を分泌する組織）の断片である「ピース」を手術によって生きた貝に挿入する．ピースの上皮細胞は分裂・増殖して核を完全に取り囲み「真珠袋」となる．真珠袋から分泌される成分が核の表面に付着し，核をコーティングするように真珠層が形成される．つまり，真珠の表面と貝殻の真珠層は，同じ成分・構造であると考えられている．したがって，貝殻真珠層の形成メカニズムを理解できれば，真珠の形成メカニズムも理解されると考えられる．

　アコヤガイは外套膜（真珠袋）から多種多様なタンパク質などの有機物を分泌し，真珠層の生成をコントロールし，緻密な構造を作り出す[1]．一方，アコヤガイの貝殻において，真珠層の外側は稜柱層と呼ばれる真珠光沢のない層で覆われているが，稜柱層も真珠層と同様に主として炭酸カルシウムの結晶でできている．真珠層と稜柱層は結晶の構造が異なるが，これは真珠層と稜柱層の形成過程で働くタンパク質の違いによるためと考えられている．真珠層の形成メカニズムを明らかにするためには，この多様なタンパク質の真珠形成における役割を解明することが必要である．

　外套膜が真珠層を形成する際に分泌されるタンパク質，すなわち真珠層に含まれているタンパク質の性状を実験によって検証することで，真珠形成に重要

---
[*1] 沖縄科学技術大学院大学
[*2] 東京大学大学院農学生命科学研究科
[*3] 三重大学大学院生物資源学研究科

な因子を探るという研究が数多く行われてきた[2]．実験には，貝殻から抽出したタンパク質を用いる必要があるが，真珠層に含まれるタンパク質の量は非常に少なく，また多種多様な有機物の中から1種類のタンパク質を精製し，実験に十分な量を得ることは非常に難しい．近年では，分子生物学的手法を用いた，遺伝子DNAの塩基配列を利用した研究が主流である．遺伝子の塩基配列がわかれば，その遺伝子がコードするタンパク質の一次構造を知ることができるだけでなく，遺伝子工学的手法を用いて目的タンパク質を大腸菌などで発現させることで，真珠層にごく少量にしか含まれないタンパク質であっても，大量に得ることが可能である．また，RNA干渉法など，アコヤガイの体内で特定のタンパク質の合成を抑制する手法も確立されつつある．この方法を用いて，あるタンパク質を合成できないアコヤガイが作った真珠層を調べれば，そのタンパク質が真珠層形成においてどのような役割を担っているか推測することができる．このように，真珠形成の分子メカニズム研究には，もはや遺伝子情報が不可欠となっている．しかし，遺伝子を1つ1つ解析することは，時間と労力がかかり非常に効率が悪い．マウスなどのようなモデル実験動物では，膨大な遺伝子情報データベースが構築されており，必要な遺伝子情報を効率良く取得することができる．真珠研究に利用できる遺伝子情報データベースの整備が待ち望まれていた．

　そのような背景の下，2012年に沖縄科学技術大学院大学，東京大学，ミキモトグループを中心とする研究グループにより，アコヤガイの全ゲノムが解読された[3]．これは二枚貝で初めてのゲノム解読であっただけでなく，アコヤガイが真珠養殖産業で極めて重要な生物種であることから，それが与えたインパクトは大きく多方面に渡った．ゲノムには，アコヤガイのもつすべての遺伝子DNAの塩基配列が含まれている．このゲノム情報によって，アコヤガイの真珠形成メカニズムだけでなく，その生理機能などの生物学的理解も急速に進展することが期待される．

　本章では，アコヤガイゲノムとはなにか，そしてその情報がどのような分野に資する可能性があるのかについて解説する．また，研究の具体的な例として，トランスクリプトームを用いた貝殻形成関連遺伝子の網羅的探索について説明する．

## §1. ゲノムとはなにか
### 1・1　ゲノム情報

　ゲノムとは，その生物のもつすべての遺伝情報のことである．真核生物の細胞1つ1つの核の中には，「ゲノムDNA」と呼ばれる巨大な分子が存在する．DNAはアデニン・シトシン・グアニン・チミンの4種類の分子（塩基）が数珠つなぎのように1列に連なってできている．4種類の塩基はそれぞれA・C・G・Tの4文字で表現することができるので，ゲノムDNAはこの4文字で構成された長いテキストと見なすことができる．このテキストの中に，その生物の生命活動に必要なあらゆる情報が刻まれている．ゲノムDNA中の塩基の並び（塩基配列）は生物の種類ごとに異なっており，この塩基配列の違いが生物の体の構造などの違いとなってあらわれる．また，ゲノムDNA全体の塩基配列の長さ（ゲノムサイズ）は生物ごとに異なるが，アコヤガイの場合，ゲノムDNAの全長は約11億塩基である[3]．これは，1日分の新聞を朝刊と夕刊あわせて25万字とすると，4400日分に相当する文字数である．

　ゲノム中のA・C・G・Tの連なりをすべて分析し，その並び順を明らかにすることを「ゲノム解読」という．ゲノムDNAの塩基配列の中には，「遺伝子」と呼ばれる領域があり，ここにはその生物が作ることができるタンパク質の情報が書き込まれている．遺伝子の塩基配列の長さはおおよそ数百〜数千塩基ほどで，動物の場合2〜3万個程度の遺伝子がゲノムDNA上に散在している．細胞は，ゲノムDNAの塩基配列（ゲノムDNA配列）を正確に読み取り，そのうちの遺伝子領域の塩基配列情報に従って，生命活動に必要なタンパク質を合成する．したがって，全ゲノムDNA配列を解読することでその生物がもつすべての遺伝子の情報が得られ，さらにはその生物が生命活動のために生産するすべてのタンパク質の情報を得ることができる．

　ゲノムDNA配列は生物の種類ごとに異なるだけでなく，同じ種の生物であっても個体間で塩基配列はわずかに異なる．このわずかな違いが個体差となってあらわれる．アコヤガイであれば貝殻の色・模様や形など，人間であれば血液型や目の色，アルコールを飲める量などが，このDNA配列の違いによってもたらされる．ゲノムDNAの情報は，このような個体ごとの差を検出する上でも有用である．

### 1・2 ゲノム解読

1998年に多細胞生物で初めて線虫 *Caenorhabditis elegans* の全ゲノムが解読された[4]. その後, ショウジョウバエ *Drosophila melanogaster*（2000年）[5], ヒト *Homo sapiens*（ドラフト版2001年[6], 2003年に解読完了宣言）, マウス *Mus musculus*（2002年）[7] など, 学術・医療面でとくに重要な生物のゲノム解読が国際的なプロジェクトとして行われてきた. 一方で, 最近まで, 水産資源動物の中で全ゲノムが解読されていたのはトラフグ *Takifugu rubripes*（2002年）[8] のみであった. トラフグがゲノム解読の対象として選ばれた主な理由は, ゲノムサイズが脊椎動物の中でも小さかったからである. また, 二枚貝類, 巻貝, イカ, タコなど水産資源として重要な生物が多く含まれている軟体動物では, ゲノムの解読はされていなかった. 軟体動物のゲノムサイズは非常に大きく（図10・1）, その解読には多大なコストがかかることが1つの大きな原因とされる. 先述の通り, アコヤガイのゲノムは約11億塩基対と見積もられ, 線虫（約1億塩基対）の11倍の大きさである. ゲノムサイズが大きくなれば, その解読に要するコストは指数関数的に上昇する.

このように, ゲノム情報が利用できるのは, 生物学的研究に広く用いられているごく一部の生物に限られていた. ところが2005年以降,「次世代シーケンサー」と呼ばれる, 従来のDNA塩基配列解読法とは一線を画す技術にもとづくシーケンサー（DNAの塩基配列を分析する装置）が相次いで製品化されたことにより, 生物のゲノム解読研究の状況は一変した.

従来のDNA塩基配列解読技術である「サンガー法」では, 長いDNA分子を末端から順に解析する. 1サンプル当たり解析できる塩基数は1000塩基弱, 一度に複数のサンプルを解析しても, 1回の実験で得られるデータはたかだか数千～数万塩基である. この方法では, 数億塩基ある動物ゲノムの解読作業には膨大な時間とコストがかかることは明らかである. これに対し, 次世代シーケンサーでは, まずDNA分子を数百塩基程度に断片化し, 大量の断片を同時に解析する. このようにして塩基配列解読を並列化することで, 数億～数百億の塩基配列情報を数日間の解析で得ることが可能になった. また, 1塩基当たりの解読にかかる費用も大幅に下がり, DNA配列の解読はコストとスピードの面で劇的に改善された.

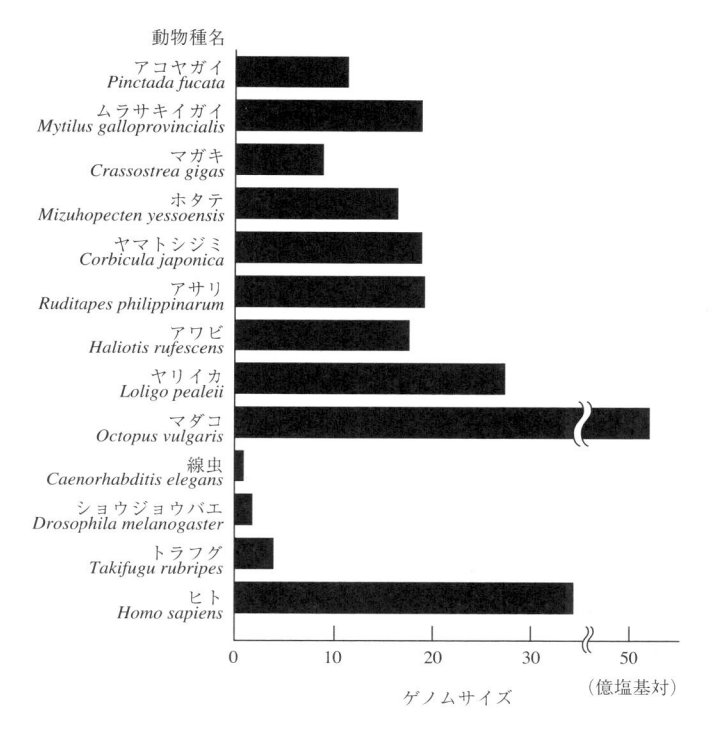

図 10・1 軟体動物と主な動物のゲノムサイズの比較
二枚貝や腹足類の多くは，ゲノムサイズが 10 億塩基対前後に及ぶ．頭足類はさらに大きなゲノムをもち，マダコでは 50 億塩基対にもなる．Animal Genome Size Database（http://www.genomesize.com/）に掲載されている値をもとに作成．

次世代シーケンサーから得られる配列情報は数十〜数百塩基と短いので，これをもとの長いゲノム DNA 配列に復元する作業が必要である．このジグソーパズルのようにバラバラになった無数のピースをつなげる作業をアセンブルと呼ぶ．動物ゲノムのように大量のデータをアセンブルするには高性能なコンピュータが必要とされるが，年々コンピュータ性能が飛躍的に向上している状況もゲノム解読の追い風となっている．コンピュータ計算によりアセンブルを高速かつ正確に行う手法の開発は，バイオインフォマティクス分野における重要なトピックの一つである．サンゴの一種コユビミドリイシ*Acropora digitifera* では，次世代シーケンサーのみを利用してゲノム解読に成功し，その実用性が証明さ

れている[9]．

### 1・3 アコヤガイゲノムの解読

アコヤガイのゲノム解読プロジェクトが本格的に始動したのは 2010 年である．ミキモト真珠研究所（三重県志摩市）の保有するアコヤガイ 1 個体の精子から高純度のゲノム DNA を抽出し，Roche 社 454 および illumina 社 GAIIx という 2 種類の次世代シーケンサーを利用してゲノム解読が進められた．その結果，あわせて約 450 億塩基分の配列データが得られ，アセンブルに用いられた．良いアセンブル結果を得るためには，実際のゲノム DNA の大きさの数十～百倍以上のデータ量が必要とされる．アコヤガイゲノムはサイズが大きいこと，ポリモルフィズム（父親と母親からそれぞれ受け継いだゲノム DNA のあいだの塩基配列の違い）が多いことなど，アセンブルを難しくする条件があったものの，2012 年 2 月にドラフト版アコヤガイ全ゲノム配列が公開された[3]．

## §2. アコヤガイゲノムの特徴

### 2・1 アコヤガイゲノム

アコヤガイゲノム DNA 配列は約 11 億塩基の連なりであるが，そのうちタンパク質の情報を記録している遺伝子領域はごく一部である．トランスクリプトーム（後述）の情報や，他生物との比較，遺伝子配列の特徴にもとづいた予測などを用い，アコヤガイゲノムには少なくとも 2 万 3 千個の遺伝子が存在することが推測された[3]．

アコヤガイゲノム全体のうち約 10% はタンデムリピート（単純な配列が繰り返す領域）やトランスポゾン（類似した配列がゲノム上に散在する構造）などの繰り返し配列からなっていた．繰り返し配列それ自体は遺伝子としてのタンパク質情報を含まないが，個体識別などに有効な DNA マーカーとして利用可能である．このことについては後述する．

アコヤガイゲノムはポリモルフィズムが非常に多いことも特徴である．アコヤガイは近交系の発生率低下が顕著であることが知られている[10]が，ポリモルフィズムの割合を高く維持することが，個体発生や生命維持にとって重要であることを示している可能性がある．

## 2・2 アコヤガイの遺伝子

アコヤガイゲノム中には少なくとも 2 万 3 千個の遺伝子が存在することがわかった．しかし，ゲノム DNA 配列を解読しただけでは，それらの遺伝子が生命活動においてどのような役割を担っているかは不明である．遺伝子の機能を推測するために，線虫・ハエ・ヒトなど，すでに個々の遺伝子の役割が詳しく調べられている生物のゲノムとアコヤガイのゲノムとを比較することが有効である．例えば，ヒトの解糖系の酵素であるグリセルアルデヒド-3-リン酸デヒドロゲナーゼ（GAPDH）の遺伝子と配列が類似する遺伝子がアコヤガイにも見つかれば，それは同様の酵素活性をもつアコヤガイの GAPDH 遺伝子と推測できる．このように，機能を推測して遺伝子配列に名前を付ける作業を「アノテーション（注釈付け）」という．アノテーションには生物学の様々な分野の専門知識が必要である．アコヤガイゲノム解析とアノテーションを行うために，アコヤガイゲノムジャンボリーと名付けられた研究集会が開催され，国内の水産学・発生学・生理学・生体鉱物学・分類学など多様な分野の軟体動物研究者が参加してアノテーション作業が行われた．この集会は 2011 年 5 月に沖縄科学技術大学院大学，2012 年 1 月に東京大学で計 2 回行われ，国内の 12 の大学・研究機関などからのべ 60 名以上の研究者が参加した．アコヤガイゲノムジャンボリーによって得られた研究成果は，学術雑誌 Zoological Science 誌に特集された[2, 11-21]．

## 2・3 アコヤガイゲノム解読の波及効果

アコヤガイゲノムを集中的に解析することは，他の軟体動物の研究基盤を確立することにもつながる．これまで他の軟体動物の研究から得られてきた知見，例えばイガイ類の閉殻筋運動にかかわるタンパク質[16]，マガキなどで知られていた生殖機能にかかわる遺伝子の情報[17]が，アノテーション作業によってアコヤガイゲノム上に集約される．これにより軟体動物に共通する遺伝子のリストが得られ，軟体動物の生物学を総合的に理解することにつながると期待される．アコヤガイで得られた新たな知見が，他の軟体動物の生物学的研究に役立つことはいうまでもない．

アコヤガイのゲノムには少なくとも 2 万 3 千個の遺伝子が存在するが，この数はヒト（2 万数千個）と比べて大きく違わない．アコヤガイとヒトとでは外見も体の構造も異なるが，個体発生や細胞分化など生命活動に必要な多くの遺伝子

は共通している．これらは，アコヤガイとヒトとの間に限らず，広く多細胞動物の間で保存されている遺伝子である[18-21]．一方，アコヤガイや貝類に特有の遺伝子も数多く同定されている．例えば，二枚貝の閉殻筋特有の運動にかかわる遺伝子[16]や，貝殻・真珠形成にかかわる遺伝子[15]がこれに相当する．さらに，アコヤガイゲノム解読後に発表されたマガキ *Crassostrea gigas* のゲノム[22]と比較すると，アコヤガイとマガキでは貝殻を作る遺伝子が異なることがわかる（図10・2）．このことは，マガキの貝殻（葉状層）とアコヤガイの貝殻（真珠層と稜柱層）の構造の違いを反映している可能性を示している．このように，真珠層を作ることができるアコヤガイと，真珠層を作らない他の二枚貝とを比較することで，アコヤガイ固有の真珠形成にかかわる遺伝子を絞り込むことが可能である．

### 2・4 アコヤガイゲノムデータベースとその利用

アコヤガイの全ゲノム配列，遺伝子の配列およびアノテーション情報は，インターネット上で公開されており[14]，だれでも閲覧が可能である（http://marinegenomics.oist.jp/genomes/gallery）．このデータベースの利用方法を考

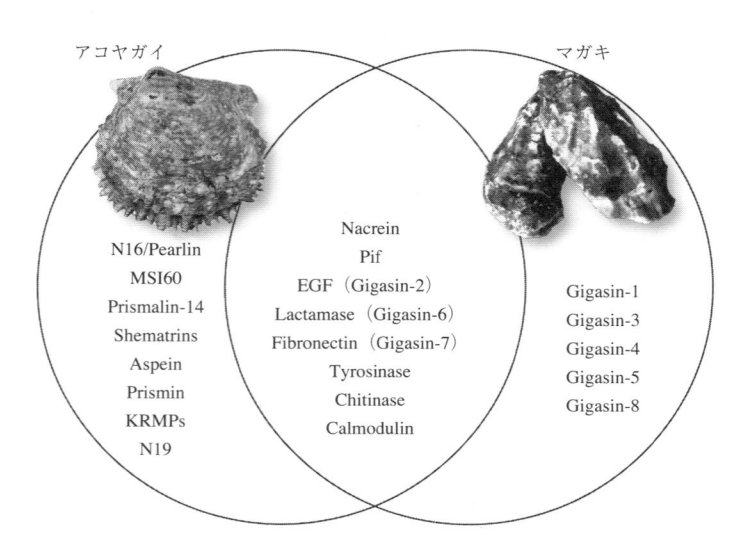

図10・2　アコヤガイとマガキの主な貝殻基質タンパク質の比較
アコヤガイとマガキはともに炭酸カルシウムの貝殻を形成するが，貝殻に含まれる貝殻基質タンパク質は同一ではない．両者の貝殻微細構造の違いは，このような基質タンパク質の違いによって生じると考えられる．

えてみたい.

　最初に述べた通り，真珠形成やその他の機能をもつタンパク質の性質を実験的に調べるには，まずそのタンパク質に対応する遺伝子の塩基配列を得ることが重要である．アコヤガイから興味のあるタンパク質が得られたとき，化学分析などを行うとそのタンパク質を構成する 10 アミノ酸残基前後の断片的な配列が得られる．遺伝子の配列を得るには，その部分的なアミノ酸配列に相当する塩基配列を推測し，その塩基配列を含む DNA を実験により増幅する．こうして得られた DNA をシーケンサーで解読することで，そのタンパク質に対応する遺伝子の塩基配列を決定する．これは根気のいる作業である．ところが，ゲノムデータベースが公開されているアコヤガイの場合では，得られたアミノ酸配列をゲノムデータベース上で検索すれば，そのアミノ酸配列を有する遺伝子の候補が示され，ただちにそれらの遺伝子の十分に長い塩基配列を得ることができる．データベース上の配列情報に誤りがないかどうか確認する実験は必要であるものの，遺伝子情報の大部分が得られるため，実験にかかる手間は劇的に短縮される．実験作業が短縮されれば，より多くの遺伝子の機能解析実験が可能である．

　アコヤガイゲノムデータベースでは，配列検索だけでなく，データベース上にアノテーション情報を追加することもできる．アノテーション情報が順次追加されることで，データベースが充実するだけでなく，より高精度な遺伝子予測が可能になる．遺伝子予測精度が向上すれば，利用者の実験にかかる手間がさらに軽減される．このように，データベース利用者とデータベース間での相互フィードバックにより，アコヤガイの分子生物学的研究の活性化と，研究者コミュニティの拡大が期待される．なお，このデータベースは沖縄科学技術大学院大学マリンゲノミックスユニット（代表　佐藤矩行教授）が運営しており，アコヤガイゲノム以外にも本ユニットがかかわったゲノムプロジェクトの成果（サンゴ，カッチュウソウ *Symbiodinium* sp. ほか）が公開されている．今後も，このデータベースを通じて，新たな海洋生物ゲノムプロジェクトの成果や各データのバージョンアップ版が公開される予定である．

## §3. アコヤガイ遺伝子の網羅的解析による貝殻形成遺伝子の探索
### 3・1 アコヤガイ貝殻形成組織のトランスクリプトーム解析

ゲノムはいわゆる生物の設計図にあたるが，転写産物（トランスクリプト）であるRNAはその設計図のどの部分をどのように使うかという情報であり，個々の細胞においてはゲノムは同じでもRNAの組成は異なる．RNAを調べることでその生物，組織，細胞がどのような活動を行っているかという生命活動の実態を明らかにできる．1つの細胞に何十万〜何百万とあるRNAを網羅的に調べることは困難で，これまではある特定のRNAに対象を絞った解析が主に行われてきた．ところが現在では，アコヤガイのゲノム解読にも用いられた次世代シーケンサーが登場したことによってすべてのRNAを網羅的に調べる，いわゆる「トランスクリプトーム解析」が手軽に行えるようになった．次世代シーケンサーでRNAの配列を多量に解読するという作業は，細胞の中にあるRNAをランダムに取り出して1つ1つ配列を決めていくという作業に相当する．その結果，どのような配列をもつ遺伝子が使われて（発現して）いるかを知ることができるだけでなく，同じ配列が何度出てくるかを集計することで，その配列をもつ遺伝子が使われる程度（発現量）を知ることもできる．このような解析を実際に真珠および貝殻形成メカニズム解析に応用した例を紹介する．

真珠および貝殻形成にかかわる遺伝子，すなわち真珠層・稜柱層形成関連遺伝子の探索を目的として，アコヤガイ外套膜（膜縁部，縁膜部）および真珠袋を対象としてトランスクリプトーム解析を行ったところ，29682種類の遺伝子が検出された[23]．そのうち，29550種類が当時のDDBJ（DNA Data Bank of Japan）などの遺伝子データベースに登録されていない新規の遺伝子であった．既報の真珠層や稜柱層形成遺伝子について着目し，解析を行ったところ，それら遺伝子の発現パターンとトランスクリプトーム解析で得られた結果はよく一致した．例えば，真珠層形成に深くかかわると考えられているPif177遺伝子は外套膜縁膜部でよく発現し，膜縁部では発現しないと報告されているが[24]，トランスクリプトームでも同様の発現パターンを示した．このことから，次世代シーケンサーを用いたトランスクリプトーム解析は，得られる情報量とその定量性から，網羅的な遺伝子解析に極めて効果的であることが示された．

これまでの真珠層・稜柱層形成に関する研究の多くは，真珠層や稜柱層に含

まれるタンパク質を精製して同定し，その機能を解析することで，真珠層や稜柱層の形成にかかわるタンパク質やその遺伝子の役割の解明を目指してきた．しかしながら，真珠層や稜柱層に含まれるタンパク質が微量である場合には，精製が非常に困難であったり，そもそも存在が認識されず研究の対象にならなかったりする可能性が高い．研究手法の限界である．それに対して，まず遺伝子から解析してしまうのがトランスクリプトーム解析で，いってみれば逆転の発想である．発現量が微量である遺伝子であっても解析可能で，タンパク質レベルでの解析に比べて格段に感度が高い．

真珠層を分泌する外套膜縁膜部および真珠袋の遺伝子発現パターンを比較したところ，両組織における真珠層形成遺伝子の発現量がかなり異なることがわかった[23, 25, 26]．これは同一貝において外套膜と真珠袋が形成する真珠層が分子レベルで異なっている可能性を示している．真珠袋にはピース貝の細胞が存在し続けることが報告されており[27]，真珠袋における遺伝子発現パターンが外套膜のそれと異なるのは，ピース貝の性質が反映されているからかもしれない．

外套膜膜縁部，縁膜部および真珠袋で特徴的に発現している遺伝子を選別することによって，膨大なデータから真珠層や稜柱層形成にかかわる可能性のある候補遺伝子を選び出した．その結果，約200種類の遺伝子が有力な候補として挙げられた．ただし真珠層・稜柱層形成候補遺伝子は，あくまでも候補に過ぎない．その遺伝子が合成するタンパク質が実際に真珠層や稜柱層の形成にかかわっているかどうかを確かめる必要がある．その方法の1つが，アコヤガイに対して，遺伝子の発現を抑制させるノックダウンという処理を行い，表現型がどのように変化するのかを観察する方法である．遺伝子ノックダウン法のうちRNA干渉法を用いて行った真珠層・稜柱層形成遺伝子の同定実験の例を次に紹介する．

### 3・2　RNA干渉法による真珠層・稜柱層形成遺伝子のスクリーニング

RNA干渉法とは，標的遺伝子の塩基配列を有する二本鎖RNAが，その遺伝子の発現を特異的に抑制するという現象を利用した方法である[28]．アコヤガイへのRNA干渉法が確立されたことから[24]，本法を用いて真珠層・稜柱層形成遺伝子のスクリーニングが行われた．真珠層・稜柱層形成候補遺伝子から，真珠層を分泌する真珠袋および外套膜縁膜部で特異的に発現する8種類の真珠層

形成候補遺伝子，また稜柱層を分泌する外套膜膜縁部で特異的に発現する6種類の稜柱層形成候補遺伝子を選び，それぞれをRNA干渉法によりノックダウンした[29]．その結果，真珠層形成候補遺伝子をノックダウンしたすべてのアコヤガイにおいて，真珠層が正常に形成されなかった．一方，稜柱層は正常であった．また，稜柱層形成候補遺伝子をノックダウンしたすべてのアコヤガイにおいて，稜柱層が正常に形成されなかった．そのうち6個の遺伝子については，真珠層も正常に形成されなかった．これは稜柱層形成にかかわる遺伝子が，真珠層形成にも影響を及ぼす可能性があることを示唆しており，大変興味深い．それぞれの遺伝子の働きを明らかにするには，さらなる研究が必要である．

このように，トランスクリプトーム解析をもとに予想した真珠層・稜柱層形成遺伝子が，実際に真珠層や稜柱層の形成に関与していることが示されたことから，トランスクリプトーム解析とRNA干渉法を組み合わせることで，網羅的に目的遺伝子をスクリーニングできることが示された．

ゲノムデータの整備においても，トランスクリプトームの情報は重要である．ゲノムはDNAの配列であり，それだけではどの部分がどのように働いているかを知ることは困難である．ゲノム情報とトランスクリプトーム情報の両方を使うことで，ゲノムのどの部位がどのように使われるのかを理解することができる．成長過程，成熟過程，病気，真珠形成過程など様々な状態にあるアコヤガイのトランスクリプトーム情報が蓄積されていくことで，アコヤガイゲノムの理解がより深まると思われる．

## §4. ゲノムデータベースの水産業への応用

ゲノム情報やトランスクリプトーム情報を利用してアコヤガイのもつすべての遺伝子を網羅的に解析することで，特定の機能にかかわる遺伝子を効率良く見つけ出すことができる．貝殻の色に影響する遺伝子，成長速度，貝の高水温・低水温耐性にかかわる遺伝子など，真珠養殖に有用な遺伝子を同定することが期待される．それらの遺伝子配列中に存在する個体間でのわずかな塩基配列の違いが，個体ごとの特徴の違いに影響する．従来，成長速度や水温耐性などの特徴は，貝を長期間飼育して見極める必要があった．一方，ゲノムデータベースと分子生物学的手法を用い，個体ごとの塩基配列の違いを簡便に判別する手

法を確立すれば，真珠養殖に有用な個体を効率良く選抜して育種を進めることが可能である．

　有用な遺伝子のゲノム上における位置の目印となる DNA 配列を「DNA マーカー」と呼ぶ．DNA マーカーには，実験的に検出しやすい特徴的な配列が用いられる．ゲノム DNA 配列中には，塩基の単純な繰り返し配列が散在している．例えば，2 塩基の繰り返し配列であれば「AGAGAGAG……」のような配列である．繰り返し回数が変異しやすいので，その違いを検出することで個体や集団を識別できる．アコヤガイの場合，前述のように全ゲノムの約 10％がこのような繰り返し配列と見積もられている．バイオインフォマティクスの手法でアコヤガイゲノム DNA 配列を調べたところ，PCR 法（酵素反応を利用して特定の DNA 配列を増幅する方法）で検出可能な DNA マーカー候補が約 1 万個見出された[30]．このように，ゲノム情報は DNA マーカーの開発においてもおおいに役立つ．

　DNA マーカーの利用法は，有用形質をもつ個体の選抜に限らない．適切なマーカーを見つけることで，個体の産地判別や親子判別も可能である．DNA マーカーによって，貝の流通の管理を正確に行うことが可能となり，優良系統の不当な流出や低品質貝の混入を防ぐことができる．また，DNA マーカーにより近交の度合いを監視しながら，交配の計画や管理を行い，高品質系統を維持しつつ，過度な拡散を抑えることで，市場の安定化にもつながると期待される．

## §5. ゲノムで高品質真珠が大量生産できるか？

　明治時代に御木本らにより真珠養殖技術が確立されて以来，日本国内の養殖業者によって 100 年以上ものあいだに技術が蓄積され，高品質な真珠生産が行われてきた[12]．近い将来，ゲノムから「高品質真珠の遺伝子」が発見され，遺伝子組み換え技術やゲノム編集技術（ゲノムの任意の DNA 配列を改変する技術）によってその遺伝子が広まり，高品質な真珠が確実に生産できる，そんな夢のような日が訪れるだろうか．実際のところ，「高品質真珠遺伝子」により高品質真珠を確実に生産できるようになるのは，近い将来にはなかなか難しいと思われる．これまでの研究から，真珠構造の形成には少なくとも 30 個以上の遺伝子が関連していると考えられており，真珠は実に多様なタンパク質の相互作用により巧み

に生み出されているからである．真珠の品質を向上させる遺伝子を見つけることは十分に期待できるが，例えば，その遺伝子をアコヤガイに注射すれば簡単に良い真珠が得られるようになる，ということは現在のところなかなか考えにくい．「高品質真珠遺伝子」の存在を指標としつつ，従来のように品種改良を続け，徐々に品質の向上を進めることが現実的であろう．その過程で，これまでの真珠養殖に，遺伝子情報にもとづく新しい技術を取り入れられれば，真珠養殖技術が飛躍的に向上することは間違いないと考えられる．

## 文献

1) Marine F, Luquet G, Marie B, Medakovic D. Molluscan shell proteins : primary structure, origin, and evolution. Curr. Top. Dev. Biol. 2008; 80: 209-276.
2) Watabe S. The importance of total genome databases in research on Akoya pearl oyster. Zool. Sci. 2013; 30: 781-782
3) Takeuchi T et al. Draft genome of the pearl oyster Pinctada fucata: a platform for understanding bivalve biology. DNA Res. 2012; 19: 117-130.
4) C. elegans Sequencing Consortium. Genome sequence of the nematode C. elegans: a platform for investigating biology. Science 1998; 282: 2012-2018.
5) Adams M D et al., The genome sequence of Drosophila melanogaster. Science 2000; 287: 2185-2195.
6) Venter J C et al. The sequence of the human genome. Science 2001; 291: 1304-1351.
7) Mouse Genome Sequencing, Consortium. Initial sequencing and comparative analysis of the mouse genome. Nature 2002; 420: 520-562.
8) Aparicio S et al. Whole-genome shotgun assembly and analysis of the genome of Fugu rubripes. Science 2002; 297: 1301-1310.
9) Shinzato C, Shoguchi E, Kawashima T, Hamada M, Hisata K, Tanaka M, Fujie M, Fujiwara M, Koyanagi R, Ikuta T, Fujiyama A, Miller DJ, Satoh N. Using the Acropora digitifera genome to understand coral responses to environmental change. Nature 2011; 476: 320-323.
10) 和田克彦．アコヤガイ Pinctada fucata の改良に関する研究．養殖研報 1984; 6: 79-157.
11) Endo K, Takeuchi T. Annotation of the pearl oyster genome. Zool. Sci. 2013; 30: 779-780.
12) Nagai N. A history of the cultured pearl oyster. Zool. Sci. 2013; 30: 783-793.
13) Kawashima T, Takeuchi T, Koyanagi R, Kinoshita S, Endo H, Endo K. Initiating the mollusk genomics annotation community: toward creating the complete curated gene-set of the Japanese pearl oyster, Pinctada fucata. Zool. Sci. 2013; 30: 794-796.
14) Koyanagi R, Takeuchi T, Hisata K, Gyoja F, Shoguchi E, Satoh N, Kawashima T. MarinegenomicsDB: an integrated genome viewer for community-based annotation of genomes. Zool. Sci. 2013; 30: 797-800.
15) Miyamoto H et al. The Diversity of shell matrix proteins: genome-wide investigation of the pearl oyster, Pinctada fucata. Zool. Sci. 2013; 30: 801-816.
16) Funabara D, Watanabe D, Satoh N, Kanoh S. Genome-wide survey of genes encoding

muscle proteins in the pearl oyster, *Pinctada fucata*. *Zool. Sci.* 2013; 30: 817-825.
17) Matsumoto T, Masaoka T, Fujiwara A, Nakamura Y, Satoh N, Awaji M. Reproduction-related genes in the pearl oyster genome. *Zool. Sci.* 2013; 30: 826-850.
18) Morino Y, Okada K, Niikura M, Honda M, Satoh N, Wada H. A genome-wide survey of genes encoding transcription factors in the Japanese pearl oyster, *Pinctada fucata*: I. homeobox genes. *Zool. Sci.* 2013; 30: 851-857.
19) Koga H, Hashimoto N, Suzuki DG, Ono H, Yoshimura M, Suguro T, Yonehara Y, Abe T, Satoh N, Wada H. A genome-wide survey of genes encoding transcription factors in Japanese pearl oyster *Pinctada fucata*: II. Tbx, Fox, Ets, HMG, NF$_K$B, bZIP, and C2H2 zinc fingers. *Zool. Sci.* 2013; 30: 858-867.
20) Gyoja F, Satoh N. Evolutionary aspects of variability in bHLH orthologous families: insights from the pearl oyster, *Pinctada fucata*. *Zool. Sci.* 2013; 30: 868-876.
21) Setiamarga DHE, Shimizu K, Kuroda J, Inamura K, Sato K, Isowa Y, Ishikawa M, Maeda R, Nakano T, Matsuno K, Endo K. An *in-silico* genomic survey to annotate genes coding for early development-relevent signaling molecules in the pearl oyster, *Pinctada fucata*. *Zool. Sci.* 2013; 30: 877-888.
22) Zhang G *et al.* The oyster genome reveals stress adaptation and complexity of shell formation. *Nature* 2012; 490: 49-54.
23) Kinoshita S, Wang N, Inoue H, Maeyama K, Okamoto K, Nagai K, Kondo H, Hirono I, Asakawa S, Watabe S. Deep sequencing of ESTs from nacreous and prismatic layer producing tissues and a screen for novel shell formation-related genes in the pearl oyster. *PLoS One* 2011; 6: e21238.
24) Suzuki M, Saruwatari K, Kogure T, Yamamoto Y, Nishimura T, Kato T, Nagasawa H. An acidic matrix protein, Pif, is a key macromolecule for nacre formation. *Science* 2009; 325: 1388-1390.
25) Wang N, Kinoshita S, Riho C, Maeyama K, Nagai K, Watabe S. Quantitative expression analysis of nacreous shell matrix protein genes in the process of pearl biogenesis. *Comp. Biochem. Physiol. B* 2009; 154: 346-350.
26) Wang N, Kinoshita S, Nomura N, Riho C, Maeyama K, Nagai K, Watabe S. The mining of pearl formation genes in pearl oyster *Pinctada fucata* by cDNA suppression subtractive hybridization. *Mar. Biotechnol.* 2012; 14: 177-188.
27) Masaoka T, Samata T, Nogawa C, Baba H, Aoki H, Kotaki T, Nakagawa A, Sato M, Fujiwara A, Kobayashi T. Shell matrix protein genes derived from donor expressed in pearl sac of Akoya pearl oysters (*Pinctada fucata*) under pearl culture. *Aquaculture* 2013; 384-387: 56-65.
28) Fire A, Xu S, Montgomery MK, Kostas SA, Driver SE, Mello CC. Potent and specific genetic interference by double-stranded RNA in *Caenorhabditis elegans*. *Nature* 1998; 391: 806-811.
29) Funabara D, Ohmori F, Kinoshita S, Koyama H, Mizutani S, Ota A, Osakabe Y, Nagai K, Maeyama K, Okamoto K, Kanoh S, Asakawa S, Watabe S. Novel genes participating in the formation of prismatic and nacreous layers in the pearl oyster as revealed by their tissue distribution and RNA interference knockdown. *PLoS One* 2014; 9: e84706.
30) Takeuchi T, Kawashima T, Koyanagi R, Masaoka T, Satoh N. Genome-wide survey of genetic markers in the Japanese pearl oyster, *Pinctada fucata*. DNA 鑑定 2012; 4: 81-85.

# 付　録

　この解剖図は1952年に三重県水産試験場（当時）から出版された「あこやがい（眞珠貝）解剖図　椎野季雄作図　Anatomy of *Pteria*（*Pinctada*）*martensii* (Dunker), Mother-of-Pearl Mussel. Figured by SUEO M. SHIINO」を複写して掲載したものである．

　原本はB5判25ページからなり，序文に続き，見開きの右側にplate1から12までの各解剖図，左側に各部の名称などが記載されている．Plate4から10は原本では着色されているが，ここでは紙面の都合で白黒の図とした．これら7枚の着色図版については，口絵4と5にカラーで掲載したので参照していただきたい．

　原本では和名を「あこやがい」と記してあるが，ここでは「アコヤガイ」とした．また各図の英訳は割愛し，同一の用語に異なる英訳がある場合は編者の責任で1つに統一した．

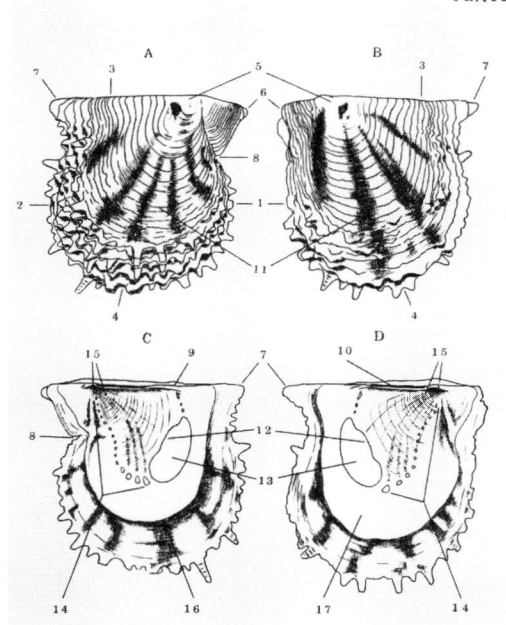

PLATE 1

第1図　アコヤガイ貝殻
A：右貝殻外面　Outer face of right shell valve, B：左貝殻外面　Outer face of left shell valve, C：右貝殻内面　Inner face of right shell valve, D：左貝殻内面　Inner face of left shell valve.
1：前縁 Anterior margin, 2：後縁 Posterior margin, 3：背縁 Dorsal margin, 4：腹縁 Ventral margin, 5：殻頂 Umbo, 6：前耳 Anterior ear, 7：後耳 Posterior ear, 8：足糸窩 Byssal notch, 9：蝶番線 Hinge line, 10：靭帯 Ligament, 11：成長線 Growth line, 12：収足筋痕 Impression of retractor, 13：閉殻筋痕 Impression of adductor, 14：外套筋痕 Impressions of pallial muscles, 15：挙足筋痕 Impressions of levators, 16：外套痕 Pallial line, 17：真珠層 Pearl layer.

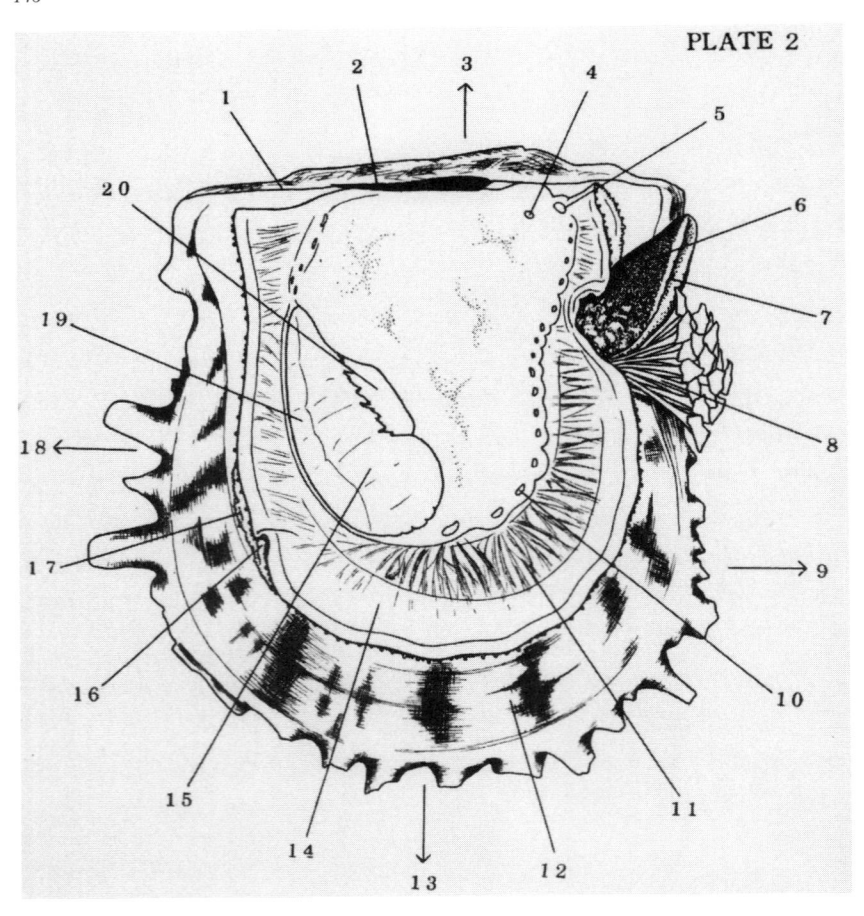

第2図　アコヤガイ軟体部概観．右貝殻を取り除く

1：蝶番線　Hinge line, 2：靭帯　Ligament, 3：背方　Dorsal, 4：後挙足筋附着端　Attaching end of posterior levator of foot to the shell, 5：前挙足筋附着端　Attaching end of anterior levator of foot to the shell, 6：足　Foot, 7：足溝　Pedal groove, 8：足糸　Byssus, 9：前方　Anterior, 10：外套筋附着端　Converged end of pallial muscles attaching to the shell, 11：外套筋　Pallial muscles, 12：左貝殻内面　Inner face of left shell valve, 13：腹方　Ventral, 14：右側外套膜　Right mantle lobe, 15：(後部) 閉殻筋　(Posterior) adductor, 16：外套皺襞　Pallial fold, 17：出水口　Exhalent orifice, 18：後方　Posterior, 19：閉殻筋有紋部　Striped part of adductor, 20：右側収足筋　Right retractor of foot.

付録 147

PLATE 3

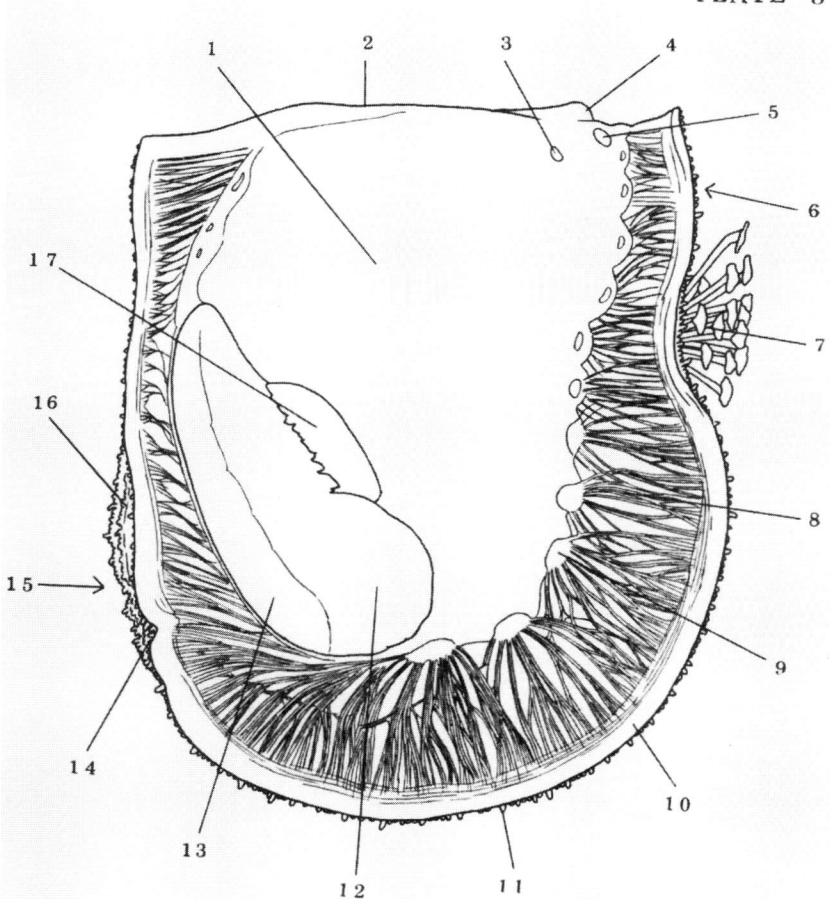

第3図　アコヤガイ外套膜
1：外套膜　Mantle lobe, 2：背側正中線　Mid-dorsal line, 3：右側後挙足筋端　End of right posterior levator of foot, 4：左側前挙足筋端　End of left anterior levator of foot, 5：右側前挙足筋端　End of right anterior levator of foot, 6：口　Oral aperture, 7：足糸　Byssus, 8：外套筋　Pallial muscles, 9：外套筋集束端　Converged end of pallial muscles, 10：外套膜縁外葉　Outer lamella of pallial margin, 11：外套膜縁中葉の指状突起　Papillae of middle lamella of pallial margin, 12：閉殻筋平滑部　Smooth part of adductor, 13：閉殻筋有紋部　Striped part of adductor, 14：外套皺襞　Pallial fold, 15：出水口　Exhalent orifice, 16：左側外套　Left mantle lobe, 17：右側収足筋　Right retractor of foot.

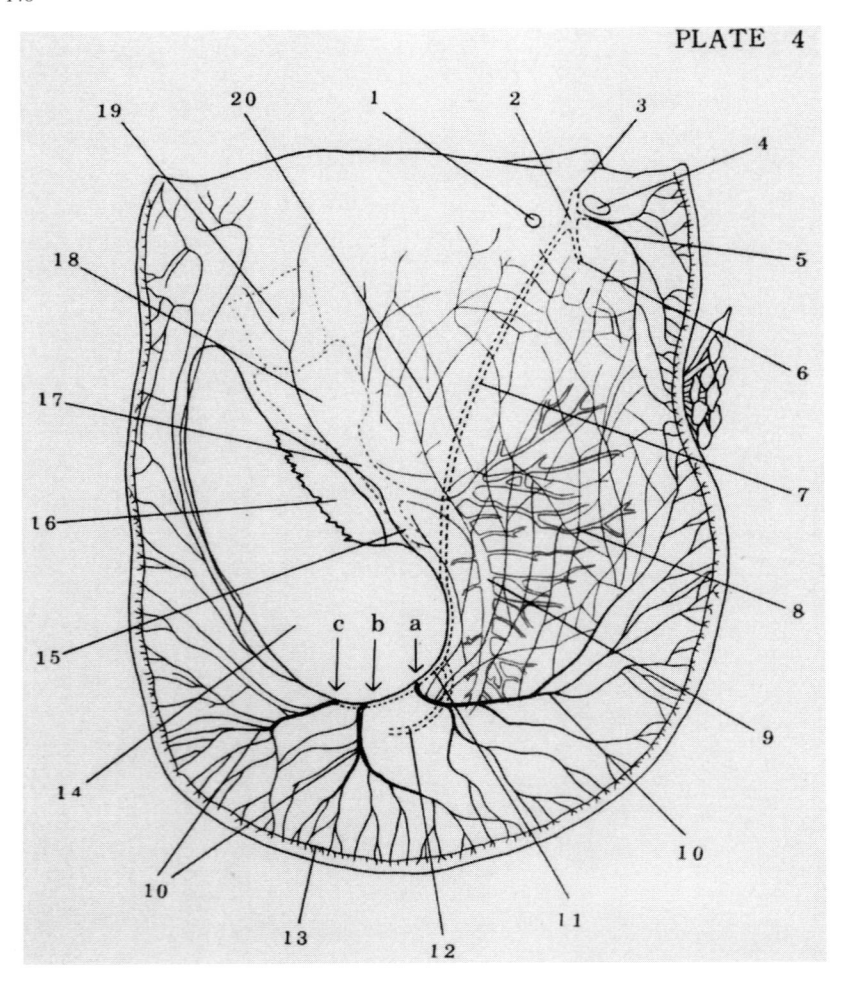

第4図 アコヤガイ外套膜，神経系および血液腔（赤色：口絵4参照）を示す
1：後挙足筋 Posterior levator of foot, 2：脳神経節 Cerebral ganglion, 3：脳神経節横連鎖 Cerebral commissure, 4：前挙足筋 Anterior levator of foot, 5：前外套神経 Anterior pallial nerve, 6：脳足部神経連鎖 Cerebro-pedal connective, 7：脳内臓神経連鎖 Cerebro-visceral connective, 8：外套内血腔系 Haemal lacunae in the mantle, 9：外套血管 Pallial vessel, 10：後外套神経 Posterior pallial nerves, 11：内臓神経節 Visceral ganglion, 12：鰓神経 Branchial nerve, 13：外套神経環 Nerve ring on the mantle margin, 14：閉殻筋 Adductor, 15：鰓より From ctenidium, 16：収足筋 Retractor of foot, 17：出鰓静脈 Efferent branchial vein, 18：心房 Auricle, 19：心室 Ventricle, 20：外套神経網 Pallial nerve plexus.
a, b, c は第6図の外套膜神経に示した文字に連絡する．

付録 *149*

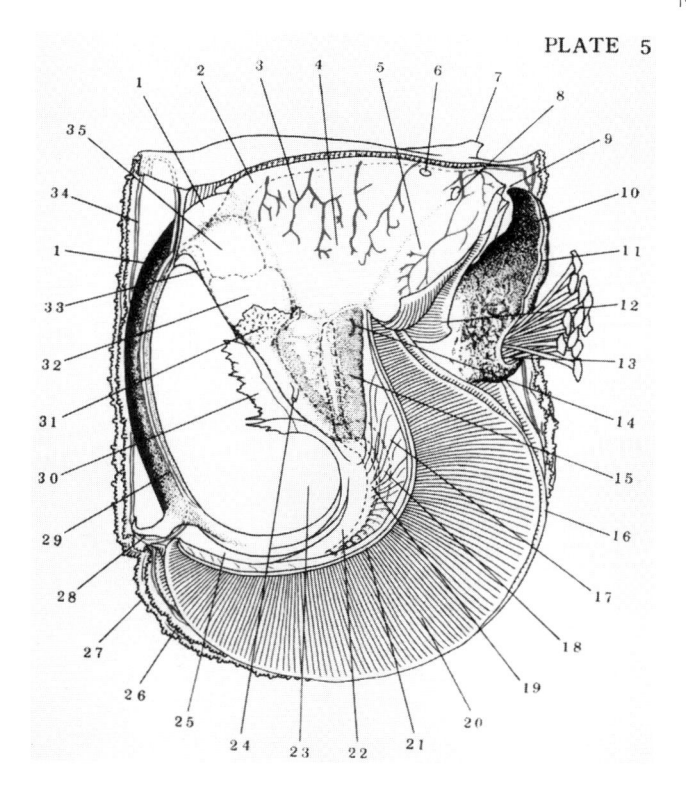

PLATE 5

第 5 図 右側外套を切り取ったアコヤガイ軟体部の概観図. 血管系は赤色(口絵 4 参照)で示す
1:腸 Intestine, 2:前大動脈 Anterior aorta, 3:内臓塊表層血管 Superficial arteries of visceral mass, 4:内臓塊 Visceral mass, 5:上唇弁 Upper labial palp, 6:右側後挙足筋 Right posterior levator of foot, 7:左側前挙足筋 Left anterior levator of foot, 8:右側前挙足筋 Right anterior levator of foot, 9:口 Oral aperture, 10:足 Foot, 11:足溝 Pedal groove, 12:下唇弁 Lower labial palp, 13:足糸坑 Byssal pit, 14:尿生殖門 Reno-genital aperture, 15:腎臓 Nephridium, 16:右側内鰓 Right inner ctenidium, 17:鰓葉間連結膜 Inter-lamellar membraneous junction of ctenidium, 18:出鰓静脈 Efferent branchial vein, 19:入鰓静脈 Afferent branchial vein, 20:右側外鰓 Right outer ctenidium, 21:鰓の外套膜附着線 Attaching band of ctenidium to the mantle, 22:筋肉性鰓軸 Muscular ctenidial axis, 23:閉殻筋 Adductor, 24:外套血管への通路 Passage to the pallial vessel, 25:鰓上腔 Supra-branchial chamber, 26:外套膜縁内葉 Inner lamella of mantle margin, 27:外套膜縁中葉 Middle lamella of mantle margin, 28:肛門突起 Anal papilla, 29:後大動脈 Posterior aorta, 30:収足筋 Retractor of foot, 31:囲心腔腺 Pericardial gland, 32:心房 Auricle, 33:囲心腔 Pericardial cavity, 34:後外套共通動脈 Posterior common pallial artery, 35:心室 Ventricle.

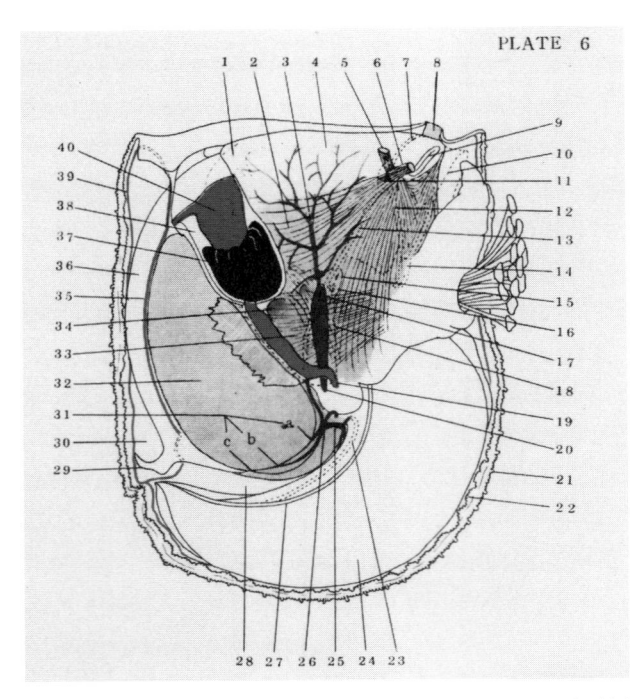

*150*

PLATE 6

第6図 アコヤガイ内臓塊表層の筋肉系（褐色），神経系（黒色）および循環系（赤色および青色）（色は口絵4参照）．右側外套膜，腎臓外壁，右側内外鰓を取り除く

1：前大動脈 Anterior aorta, 2：内臓塊表層筋肉層 Muscular bundles in the superficial part of visceral mass, 3：静脈系（内臓塊表層に埋在） Venous system buried in the superficial part of visceral mass, 4：内臓塊 Visceral mass, 5：右側後挙足筋 Right posterior levator of foot, 6：右側前挙足筋 Right anterior levator of foot, 7：脳神経節横連鎖 Cerebral commissure, 8：左側前挙足筋 Left anterior levator of foot, 9：口 Oral aperture, 10：取り去った唇弁の輪郭 Outline of the removed labial palp, 11：脳神経節 Cerebral ganglion, 12：脳足部神経連鎖 Cerebro-pedal connective, 13：脳内臓神経連鎖 Cerebro-visceral connective, 14：足部神経節 Pedal ganglion, 15：生殖門 Gonopore, 16：尿口 Renal aperture, 17：尿囲心腔開口 Reno-pericardial aperture, 18：腎臓輪郭 Outline of nephridium, 19：出鰓静脈（腎臓内を貫通） Afferent branchial vein included within nephridium, 20：入鰓静脈（同上） Efferent branchial vein included within nephridium, 21：外套膜中葉 Middle lamella of pallial margin, 22：外套膜内葉 Inner lamella of pallial margin, 23：鰓神経 Branchial nerve, 24：左側内鰓 Left inner ctenidium, 25：内臓神経節横連鎖 Visceral commissure, 26：内臓神経節 Visceral ganglion, 27：各側内鰓の接着する帯状部 Line of attachment of inner branchial lamellae of both sides, 28：鰓上腔 Supra-branchial chamber, 29：肛門突起 Anal papilla, 30：左側外套膜 Left mantle lobe, 31：後外套膜神経 Posterior pallial arteries. a, b, cは第4図に示した対応点に連絡する．32：閉殻筋 Adductor, 33：収足筋 Retractor of foot, 34：左右腎臓の交通路 Communicating passage between the right and left nephridia, 35：後大動脈 Posterior aorta, 36：腸 Intestine, 37：心房 Auricle, 38：囲心腔 Pericardial cavity, 39：後外套共通動脈 Posterior common pallial artery, 40：心室 Ventricle.

付録　151

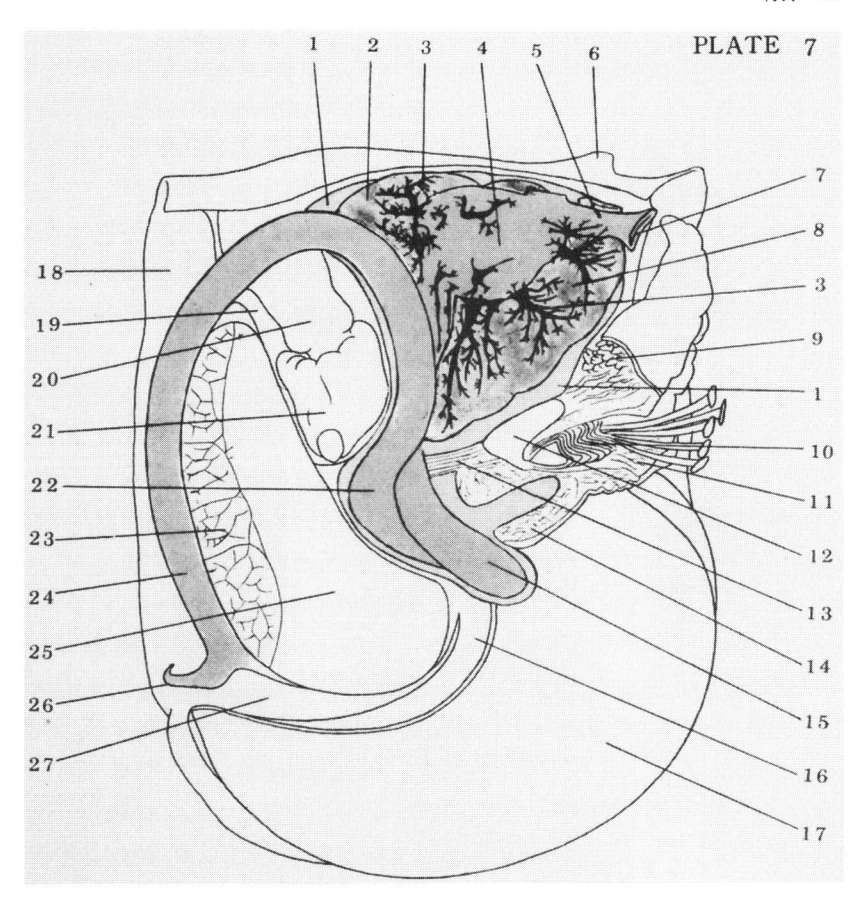

PLATE 7

第7図　アコヤガイ内臓，消化系および足糸腺を示す．右側の外套，内外鰓および収足筋を取り除く．消化管は褐色，肝管は緑色，肝臓は黄緑色，生殖腺は黄色をもって示す（口絵5参照）
1：生殖巣　Gonad，2：肝臓　Liver，3：肝管　Hepatic ducts，4：胃　Stomach，5：食道　Oesophagus，6：右側前挙足筋　Right anterior levator of foot，7：口　Oral aperture，8：肝臓主部　Main portion of the liver，9：足部筋肉　Intrinsic muscles of foot，10：足糸根挿入部の層状筋肉葉（左右収足筋合一点の断面）Insertion of byssal roots into the layered muscular lamellae (cut surface of approximated end of retractors of both sides)，11：足糸坑壁　Wall of byssal pit，12：足糸腺　Byssal gland，13：左側収足筋の一部　A part of left retractor of foot，14：結締組織　Connective tissue，15：腸管下降部　Descending portion of intestine，16：鰓軸　Branchial axis，17：左側内鰓　Left inner ctenidium，18：左側外套　Left mantle lobe，19：囲心腔　Pericardial cavity，20：心室　Ventricle，21：心房　Auricle，22：腸管上昇部　Ascending portion of intestine，23：閉殻筋有紋部断面　Cut surface of striped part of adductor，24：直腸　Rectum，25：閉殻筋平滑部断面　Cut surface of smooth part of adductor，26：肛門突起　Anal papilla，27：鰓上腔　Supra-branchial chamber.

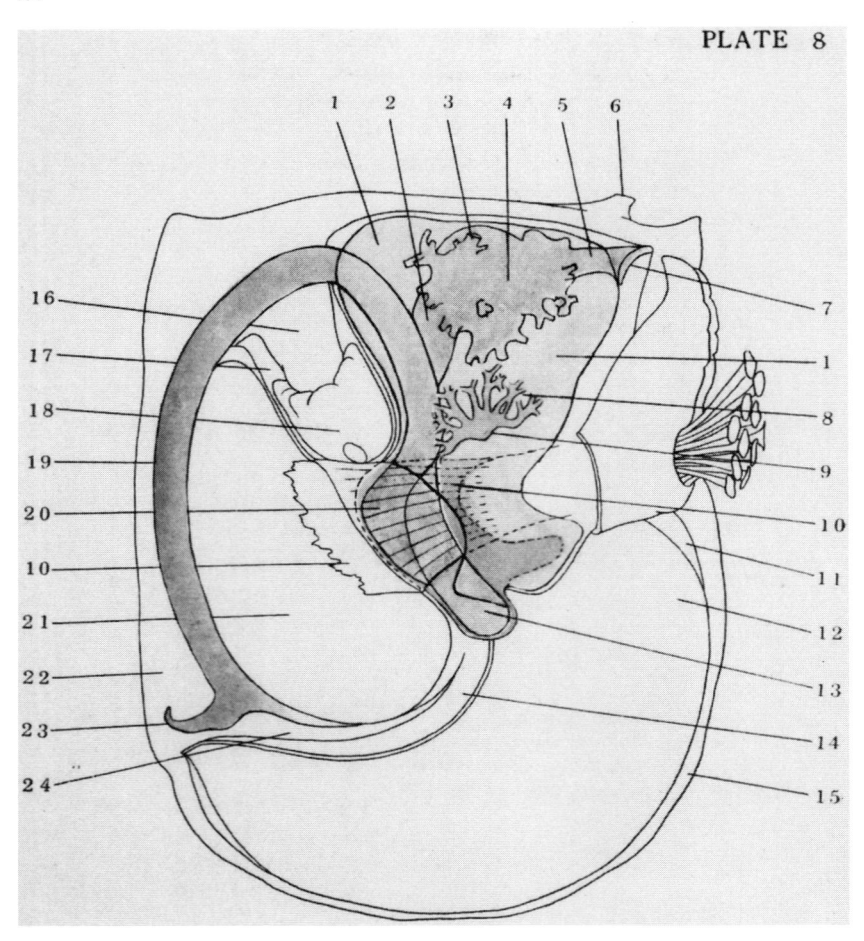

第8図 アコヤガイ内臓解剖図，消化管（褐色）とそれを囲繞する生殖巣（黄色）を示す（口絵5参照）

1：生殖巣 Gonad, 2：腸管下降部 Descending portion of intestine, 3：切断した肝管基部 Hepatic ducts cut close to their opening to the stomach, 4：胃 Stomach, 5：食道 Oesophagus, 6：左側前挙足筋 Left anterior levator of foot, 7：口 Oral aperture, 8：生殖輸管 Gonoducts, 9：生殖門 Gonopore, 10：右側収足筋 Right retractor of foot, 11：左側外鰓 Left outer ctenidium, 12：左側内鰓 Left inner ctenidium, 13：腸管迂曲部 Intestinal loop, 14：鰓軸 Ctenidial axis, 15：左側外套膜 Left mantle lobe, 16：心室 Ventricle, 17：囲心腔 Pericardial cavity, 18：心房 Auricle, 19：直腸 Rectum, 20：腸管上昇部 Ascending portion of intestine, 21：閉殻筋 Adductor, 22：出水口 Exhalent canal, 23：肛門突起 Anal papilla, 24：鰓上腔 Supra-branchial chamber.

PLATE 9

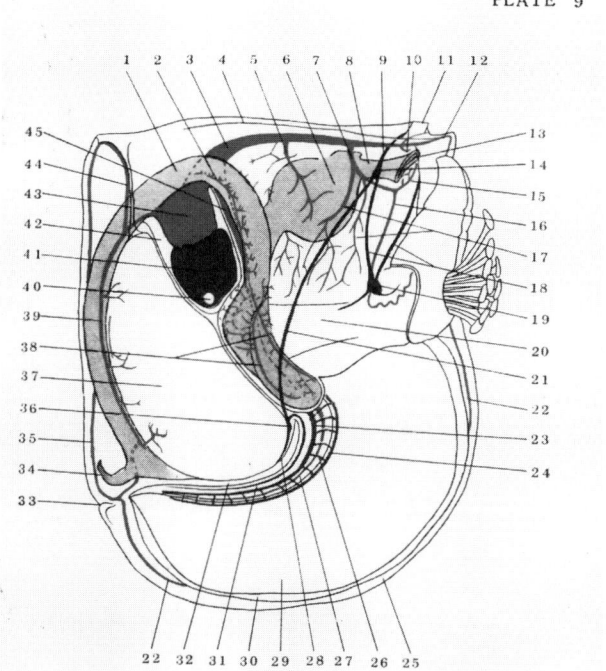

第9図 アコヤガイの血管系と神経系模型図
1：腸 Intestine, 2：腸壁に分布する内臓動脈上昇支管 Ascending branch of visceral artery distributing over intestinal wall, 3：前大動脈 Anterior aorta, 4：背正中血液腔 Medio-dorsal haemal lacuna, 5：後肝動脈 Posterior hepatic artery, 6：胃 Stomach, 7：肝足部動脈 Hepato-pedal artery, 8：食道 Oesophagus, 9：脳神経節横連鎖 Cerebral commissure, 10：上唇動脈 Upper labial artery, 11：左側前挙足筋 Left anterior levator of foot, 12：前外套動脈 Anterior pallial artery, 13：口 Oral aperture, 14：脳神経節 Cerebral ganglion, 15：下唇動脈 Lower labial artery, 16：足動脈 Pedal artery, 17：前肝動脈 Anterior hepatic artery, 18：脳足部神経連鎖 Cerebro-pedal connective, 19：足部神経節 Pedal ganglion, 20：左側収足筋 Left retractor of foot, 21：脳内臓神経連鎖 Cerebro-visceral connective, 22：前共通外套動脈 Anterior common pallial artery, 23：入鰓静脈 Afferent branchial vein, 24：側部附着縁に沿う鰓静脈 Branchial vein running along lateral attaching line of ctenidium to the mantle, 25：左側外套膜 Left mantle lobe, 26：鰓葉間静脈 Inter-lamellar branchial veins, 27：出鰓静脈 Efferent branchial veins, 28：後外套神経 Posterior pallial nerves, 29：左側内鰓 Left inner ctenidium, 30：左側外鰓 Left outer ctenidium, 31：鰓神経 Branchial nerve, 32：鰓上腔 Supra-branchial chamber, 33：外套皺襞 Pallial fold, 34：肛門突起 Anal papilla, 35：後共通外套動脈 Posterior common pallial artery, 36：内臓神経節 Visceral ganglion, 37：閉殻筋 Adductor, 38：内臓動脈下降支管 Descending branches of visceral artery, 39：後大動脈 Posterior aorta, 40：右側出鰓血管より From efferent branchial vein of right side, 41：心房 Auricle, 42：囲心腔 Pericardial cavity, 43：心室 Ventricle, 44：後外套動脈 Posterior pallial artery, 45：内臓動脈 Visceral artery.

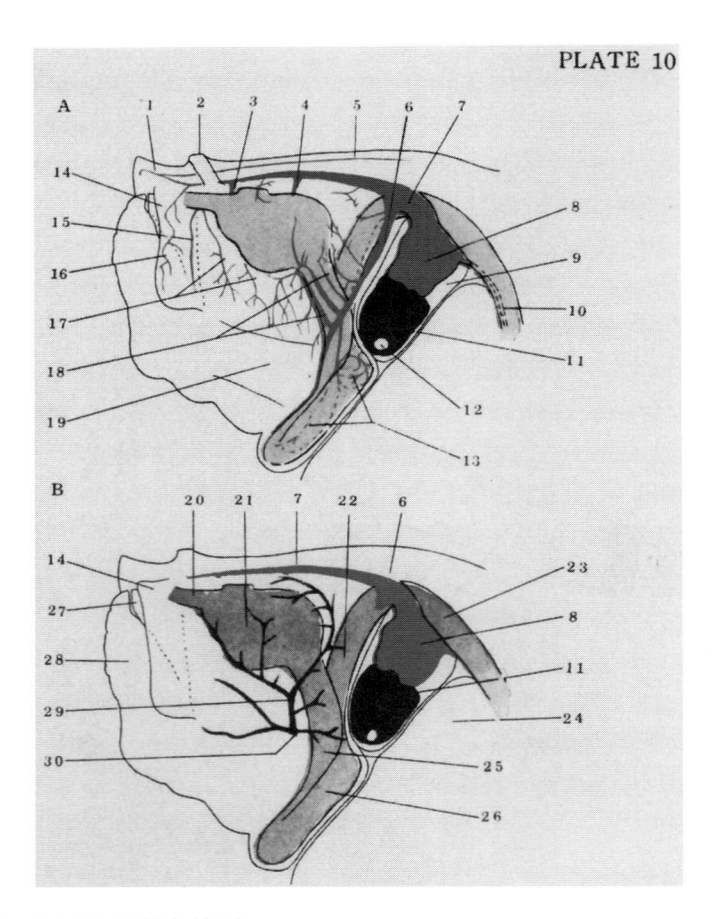

第10図　アコヤガイ血管系（左側）
A：動脈系　Arterial system, B：静脈系　Venous system.
1：前外套動脈　Anterior pallial artery, 2：左側前挙足筋　Left anterior levator of foot, 3：肝足部動脈　Hepato-pedal artery, 4：後肝動脈　Posterior hepatic artery, 5：背正中血液腔　Medio-dorsal haemal lacuna, 6：内臓動脈　Visceral artery, 7：前大動脈　Anterior aorta, 8：心室　Ventricle, 9：囲心腔　Pericardial cavity, 10：後大動脈　Posterior aorta, 11：心房　Auricle, 12：左側出鰓血管より　From efferent vein of left side, 13：内臓動脈下降支管　Descending branches of visceral artery, 14：上唇弁　Upper labial palp, 15：足動脈　Pedal artery, 16：上唇動脈　Upper labial artery, 17：前肝動脈　Anterior hepatic artery, 18：内臓動脈前行支管　Anterior branches of visceral artery, 19：収足筋　Retractor of foot, 20：食道　Oesophagus, 21：胃　Stomach, 22：腸管上昇部　Ascending portion of intestine, 23：直腸始部　Beginning portion of rectum, 24：閉殻筋　Adductor, 25：腸管下降部　Descending portion of intestine, 26：腸管迂曲部　Intestinal loop, 27：下唇弁　Lower labial palp, 28：足　Foot, 29：左側静脈系　Venous system of left side, 30：左側入鰓血管へ　To left afferent branchial vein.

付録 155

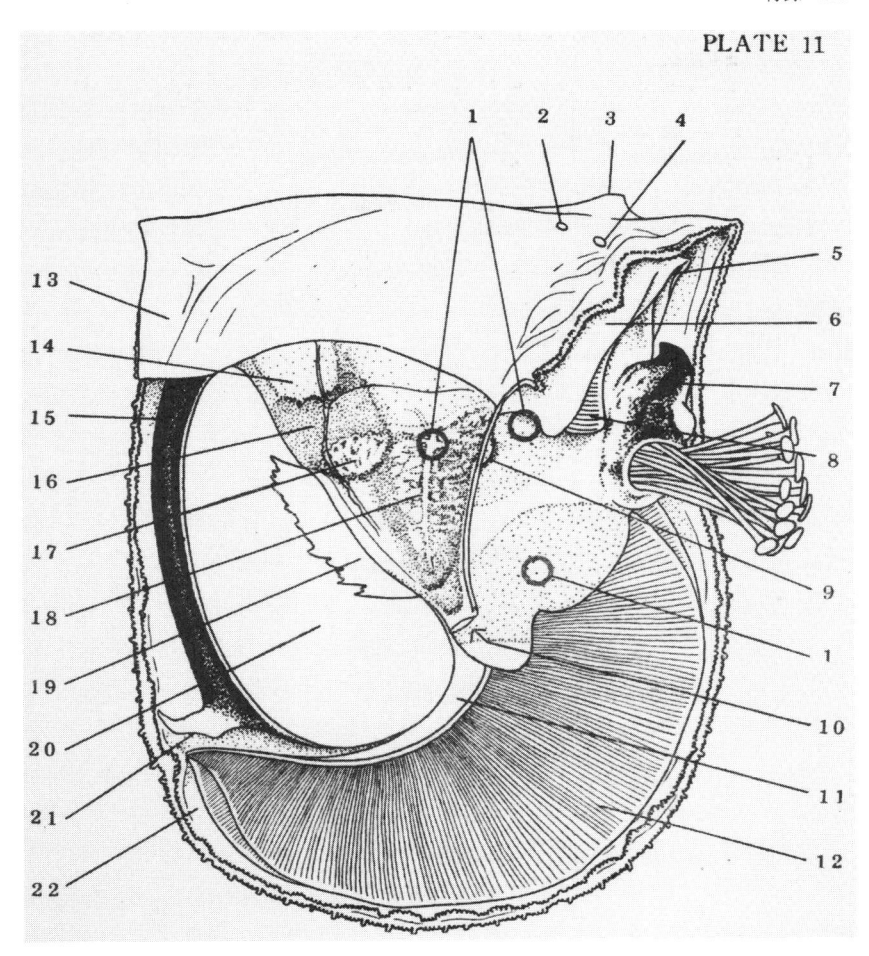

PLATE 11

第11図 アコヤガイの内臓塊内における真珠囊の位置（右側外套一部を除く）
1：真珠囊　Pearl sacs, 2：右側後挙足筋　Right posterior levator of foot, 3：左側前挙足筋　Left anterior levator of foot, 4：右側前挙足筋　Right anterior levator of foot, 5：口　Oral aperture, 6：上唇弁　Upper labial palp, 7：足　Foot, 8：下唇弁　Lower labial palp, 9：尿生殖突起　Reno-genital papilla, 10：右側鰓軸へ　To right ctenidial axis, 11：左側鰓軸　Left ctenidial axis, 12：左側鰓内葉　Inner lamella of left ctenidium, 13：右側外套膜　Right mantle lobe, 14：心室　Ventricle, 15：直腸　Rectum, 16：心房　Auricle, 17：囲心腔腺　Pericardial gland, 18：腎管　Nephridium, 19：収足筋　Retractor of foot, 20：閉殻筋　Adductor, 21：肛門突起　Anal papilla, 22：左側外套膜　Left mantle lobe.

*156*

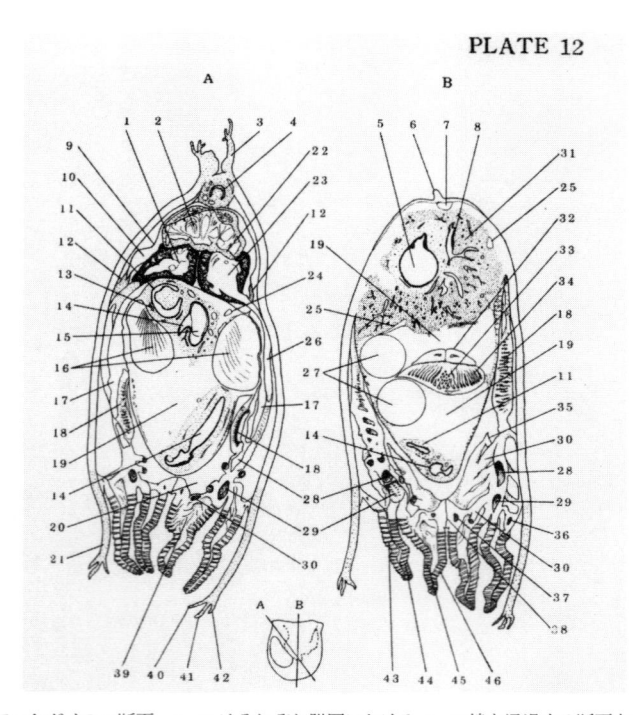

PLATE 12

第12図 アコヤガイの2断面．A，Bはそれぞれ附図におけるA，B線を通過する断面を後方より見る
1：左側心房 Left auricle, 2：心室 Ventricle, 3：外套縁後背端 Dorso-posterior end of mantle margin, 4：直腸 Rectum, 5：胃 Stomach, 6：背側正中隆起 Dorso-median ridge, 7：前大動脈 Anterior aorta, 8：肝管 Hepatic ducts, 9：囲心腔壁 Pericardial wall, 10：囲心腔 Pericardial cavity, 11：腸管上昇部 Ascending portion of intestine, 12：囲心腔腺 Pericardial gland, 13：血管枝 Branch of blood vessel, 14：腸管下降部 Descending portion of intestine, 15：晶杆 Crystalline style, 16：収足筋 Retractor of foot, 17：尿嚢 Urinary bladder, 18：腎管腺状部 Glandular portion of nephridium, 19：生殖巣 Gonad, 20：鰓上腔 Supra-branchial cavity, 21：外套膜 Mantle lobe, 22：心弁 Auriculo-ventrciular valve, 23：右側心房 Right auricle, 24：動脈 Artery, 25：静脈 Vein, 26：出鰓静脈の腎管内を走る部分 Portion of efferent branchial vein running within nephridium, 27：真珠嚢 Pearl sacs, 28：入鰓静脈 Afferent branchial vein, 29：出鰓静脈 Efferent branchial vein, 30：鰓葉間連絡血管 Inter-laminar connecting vessel, 31：肝臓 Liver, 32：足糸腺 Byssus gland, 33：足糸基部 Proximal portion of byssi, 34：左右収足筋合一部 Fused portion of retractors of both sides, 35：内鰓遊離縁 Free border of inner ctenidium, 36：外鰓外葉基部を走る縦走血管 Longitudinal vessel running along the base of outer lamina of outer ctenidium, 37：内鰓内葉基部を走る縦走血管 Same running along the base of inner lamina of inner ctenidium, 38：左右内鰓内葉合着縁 Fused border of inner laminae of inner ctenidia of both sides, 39：鰓葉間連結膜 Inter-laminar connecting membrane, 40：外套膜縁内葉 Inner lamella of mantle margin, 41：同中葉 Middle lamella of same, 42：同外葉 Outer lamella of same, 43：外鰓外葉 Outer lamina of outer ctenidium, 44：外鰓内葉 Inner lamina of same, 45：内鰓外葉 Outer lamina of inner ctenidium, 46：内鰓内葉 Inner lamina of same.

# 索　引

〈アルファベット〉
Aspein　*109, 122*
a 値　*41, 44*
b 値　*43, 44*
DNA マーカー　*17, 134, 141*
KRMP　*122, 123*
MSI31　*103, 106, 110*
MSI60　*17, 103, 106*
N16　*15, 17, 109*
N19　*15, 17*
Nacrein　*17, 109, 122, 123*
Pif177（Pif）　*17, 122, 139*
Prismalin　*109*
RNA 干渉法　*130, 139*
Shematrin　*122, 123*

〈あ行〉
赤潮　*76, 82, 84, 87*
アセンブル　*133*
アノテーション　*135, 137*
アラゴナイト　*110, 117*
あられ石　*12*
遺伝形質　*14*
遺伝資源　*17*
遺伝的多様性　*16, 69*
遺伝率　*25, 32*
色　*11, 14*
縁膜部　*49, 102, 138*
黄色色素　*18, 24, 43*
黄色度　*24*
汚染泥　*76*
親子判別　*16, 141*

〈か行〉
貝殻基質タンパク質　*50, 54, 100, 102, 104, 107, 116, 118, 126*
貝掃除　*80, 84, 95*
外面上皮細胞　*48, 50, 56, 102*
カルサイト　*111, 117*

干渉色　*11, 24, 43, 100, 102, 105*
供与貝　*9, 15, 18*
グリコーゲン　*31, 41, 92*
系統　*16, 18, 35, 57*
血球（血球細胞）　*33, 52, 57, 61, 63, 107*
────シート　*52, 103*
血清タンパク質　*41*
血リンパ液　*52, 63, 66, 102*
ゲノム DNA　*131*
ゲノムデータベース　*137, 140*
交雑　*16*
────貝　*38, 45, 69, 71*
高水温期　*29, 61, 68*
構造色　*12*
光沢　*11, 102, 105*
越物真珠　*39, 45*
コラーゲン　*92*
コンキオリン　*89, 116*
コンポスト　*95, 97*

〈さ行〉
産地判別　*141*
潮受け堤防　*84*
次世代シーケンサー　*66, 119, 132, 134*
仕立て　*12, 33*
実体色　*11, 24, 43, 100, 105*
シミ・キズ　*12, 33, 105*
焼成カルシウム　*96*
真珠層　*9, 15, 18, 50, 54, 89, 100, 102, 104, 109, 111, 115, 117, 129, 136, 138*
真珠袋　*9, 15, 24, 33, 48, 52, 54, 103, 107, 110, 129, 138*
水質　*74, 81, 83*
数値モデル　*81*
赤変化　*61, 63, 69, 71*
選抜育種　*25, 27, 32*
挿核　*12, 33, 52, 103, 112*

〈た行〉

耐病性系統　69
炭酸脱水酵素（CA）　123
タンデムリピート　134
低塩分海水　34
底質　74, 81
低水温飼育　69
低複雑性領域（LCR）　121
照り　11, 14
天然保湿因子（NMF）　90
当年物真珠　39
トランスクリプトーム　134, 138, 140
トランスポゾン　134

〈は行〉

浜揚げ　33, 80, 84, 87, 95
ピース　9, 43, 48, 51, 58, 100, 119, 129
　　──貝　9, 24, 43, 45, 57, 100, 112, 119, 139
干潟　84, 112
貧酸素　77, 84, 87

閉殻力　19, 29, 32
母貝　9, 15, 18, 52, 100, 112
ポリモルフィズム　134

〈ま行〉

巻き　12, 14, 26, 31, 105
膜縁部　49, 102, 138
メタゲノム解析　66

〈や行〉

養生　12, 33, 35
抑制　12, 112

〈ら行〉

卵抜き　12, 18
稜柱層　9, 50, 54, 101, 103, 115, 117, 129, 136, 138
量的形質　24
リン脂質　93
ろ過性病原体　63

本書の基礎になったシンポジウム

平成 25 年度日本水産学会秋季大会
「真珠研究の最前線－真珠養殖技術の革新を目指して－」
企画責任者　淡路雅彦（水研セ増養殖研）・古丸　明（三重大院生資）・舩原大輔（三重大院生資）・
　　　　　　永井清仁（ミキモト真珠研）

趣旨説明　　　　　　　　　　　　　　　　　　　　　　　淡路雅彦　（水研セ増養殖研）

I. 真珠形成の分子メカニズム　　　　　　　　　　座長　淡路雅彦　（水研セ増養殖研）
　1. 真珠から始まる貝殻タンパク質研究　　　　　　　　　宮本裕史　（近大生物理工）
　2. トランスクリプトーム解析による新規真珠形成関連遺伝子候補の探索
　　　　　　　　　　　　　　　　　　　　　　　　　　　木下滋晴　（東大院農）
　3. RNA 干渉法による新規真珠形成関連遺伝子の同定　　　舩原大輔　（三重大院生資）
　4. アコヤガイのゲノム生物学　　　　　　　　　　　　　竹内　猛　（沖縄科学技術大学院大）
　5. 真珠袋で発現する遺伝子と真珠品質　　　　　　　　　古丸　明　（三重大院生資）

II. 真珠養殖技術の改良　　　　　　　　　　　　　座長　永井清仁　（ミキモト真珠研）
　1. アコヤガイの育種　　　　　　　　　　　　　　　　　正岡哲治　（水研セ増養殖研）
　2. 黄色系アコヤガイ真珠の色素とその特性　　　　　　　柿沼　誠　（三重大院生資）
　3. 真珠養殖の生産性向上に関する取り組み　　　　　　　岩永俊介　（長崎水試）
　4. 外套膜外面上皮細胞の移植による真珠形成　　　　　　淡路雅彦　（水研セ増養殖研）

III. 真珠養殖の課題　　　　　　　　　　　　　　　座長　古丸　明　（三重大院生資）
　1. 赤変病の病原体究明の現状　　　　　　　　　　　　　中易千早　（水研セ増養殖研）
　2. 英虞湾における真珠養殖漁場環境の問題点　　　　　　国分秀樹　（三重水研）
　3. 高度化利用による持続可能なゼロ・エミッションへの取り組み　前山　薫　（御木本製薬）
　4. 真珠研究の最前線と養殖真珠産業の展望　　　　　　　永井清仁　（ミキモト真珠研）

IV. 総合討論　　　　　　　　　　　　　　　　　　座長　古丸　明・永井清仁・舩原大輔・
　　　　　　　　　　　　　　　　　　　　　　　　　　　淡路雅彦

閉会の挨拶　　　　　　　　　　　　　　　　　　　　　　古丸　明　（三重大院生資）

**出版委員**

岡﨑惠美子　岡田　茂　尾島孝男　里見正隆
塩出大輔　　鈴木直樹　高橋一生　長崎慶三
森　徹　　　矢田　崇　吉崎悟朗

水産学シリーズ〔180〕　　　定価はカバーに表示

## 真珠研究の最前線
## ―高品質真珠生産への展望

Frontiers in Pearl Research
– Potential for Technological Innovations in Pearl Culture

平成 26 年 9 月 15 日発行

編　者　　淡路雅彦
　　　　　古丸　明
　　　　　舩原大輔

監　修　　公益社団法人 日本水産学会

〒 108-8477　東京都港区港南 4-5-7
　　　　　　東京海洋大学内

発行所　〒 160-0008
　　　　東京都新宿区三栄町 8　株式会社　恒星社厚生閣
　　　　Tel　03 (3359) 7371
　　　　Fax　03 (3359) 7375

© 日本水産学会，2014.
印刷・製本　シナノ